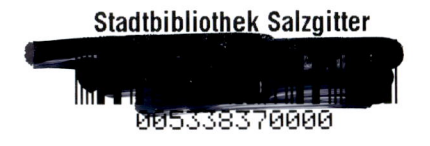

Tech
182
KOE

Rainer Köthe

Stahl erobert die Welt

Unser wichtigster Werkstoff:
Geschichte, Herstellung, Verwendung

Vorwort

Ein Journalist wollte vor einiger Zeit eine Liste von Dingen und Bauwerken anfertigen, die aus Stahl bestehen oder diese Stoffe bei der Herstellung benötigten. Tagelang schrieb er auf, was ihm dazu einfiel und was er beim Lesen oder beim Fernsehen entdeckte. Aber dann gab er den Plan als unmöglich auf, nachdem er bereits 1800 Eintragungen in seiner Liste hatte, weil überhaupt kein Ende abzusehen war. Er stellte fest, dass er fast jeden vom Menschen gemachten Gegenstand aufschreiben musste.

Stahl steckt in den Transformatoren von Netzteilen, in Lautsprechern und Elektromotoren. Schiffe und Autos, Brücken und Schienen, Werkzeuge und Maschinen bestehen völlig oder zu großen Teilen aus Stahl. Auch moderne Gebäude bergen enorme Stahlmengen: Umhüllt von Beton oder freistehend als Profil sorgen sie maßgeblich für die Stabilität. Selbst Produkte aus Kunststoff, Glas, Holz oder Porzellan sind bei der Herstellung mit Stahl in Berührung gekommen. Trinkwasser enthält sogar kleine Mengen natürliches Eisen. Essbesteck, Töpfe und Pfannen

in der Küche sind aus Stahl, und der Kühlschrank (mit Stahlblechhülle) bliebe leer ohne landwirtschaftliche Geräte aus Stahl sowie Fahrzeuge zum Transport der Produkte.

Tatsächlich ist kaum ein chemisches Element so unverzichtbar für unsere Technik und Zivilisation wie Eisen. Weiterverarbeitet zu Stahl ist es der weitaus wichtigste Werkstoff und zudem das bei weitem preisgünstigste Metall. Kein Wunder daher, dass die Stahlproduktion seit Jahrzehnten steil ansteigt und dass rund 20-mal mehr Stahl produziert wird als alle anderen Metalle zusammen.

Es gibt zahlreiche Gründe, warum Stahl das heute meistgenutzte Metall ist. Der wohl wichtigste ist seine Vielseitigkeit. Durch Zumischen bestimmter anderer Stoffe und Variation des Herstellungsverfahrens kann man seine Eigenschaften in weiten Grenzen verändern und an die jeweiligen Bedürfnisse anpassen.

Zudem erfüllt Stahl eine besonders wichtige Forderung: Seine Verwendung ist Energie sparend und nachhaltig, sie geschieht also nicht auf Kosten zukünftiger Generationen. Denn Stahl lässt sich wunderbar wiederverwerten: Heutiger Stahl wird zu rund einem Drittel aus Schrott hergestellt. Stahl wird also nicht verbraucht, sondern immer wieder verwendet. Zudem besteht keine Gefahr, dass die Rohstoffvorräte knapp werden – immerhin ist Eisen das zweithäufigste Metall der Erde.

Das Buch stellt dieses Element vor und beschreibt seine Rolle in der unbelebten und in der belebten Natur. Es spürt der Eisenherstellung in früheren Zeiten nach. Es zeigt, wie heute das Eisenerz aus gewaltigen Gruben gebaggert wird, wie die Eisenhütten (Eisenfabriken) in gigantischen Hochöfen das Roheisen erschmelzen und wie es dann binnen Minuten in einem Feuersturm in Stahl verwandelt wird. Es stellt einige der vielfältigen Bearbeitungsverfahren vor, die dem Stahl die gewünschten Formen geben – wie man etwa Stahlträger, Rohre, Bleche, Drähte herstellt. Und es präsentiert ausgewählt spektakuläre Verwendungsarten von Eisen und Stahl.

Eisen ist ein Werkstoff mit Tradition – der Mensch verwendet es seit rund 6000 Jahren. Dank seiner überragenden Eigenschaften und ständiger Forschung und Weiterentwicklung der Technik ist es auch ein Schlüssel-Werkstoff des 21. Jahrhunderts. *Rainer Köthe*

Inhalt

Das Element Eisen   7

Ein Denkmal für das Eisen 7
Der größte Ozean der Erde. 7
Geboren in Feuerstürmen 7
Braune Spuren. 8
Vulkane brachten Eisen hervor 12
Erzförderung durch Schwarze Raucher 12
Bakterien als Eisenlieferanten. 13
Eisen fraß den ersten Sauerstoff 13
Geheimnisvolle Liebe zum Eisen 14
Eisenerze und Eisenmineralien 17

Rohstoff für Werkzeug und Waffen   18

Komplizierte Vorgänge im Allerkleinsten 18
Erst durch Zusätze brauchbar 19
Balanceakt zweier Strukturen 20
Kampf dem Rost 21
Eisen als Zufallsprodukt 22

6000 Jahre Mensch und Eisen   23

Das geheime Wissen der Hethiter. 23
Luppen aus dem Rennofen 24
Gelobt sei, was hart macht 26
Schmiedetechnik breitet sich aus 29
Eiserne Legionen 29
Kraft aus dem Wasserrad 30
Heulende Luftzufuhr. 30
Stücköfen und Floßöfen 31
Stahl durch Frischen 32
Koks statt Holz 33
Stahl aus der Birne 34
China war früher dran. 37
Geheime Tricks der Schmiede 38

Vom Erz zum Eisen   40

Erz auf langen Wegen. 41
Eisenprovinz in Australien 41
Trennung von taubem Gestein 44
Sorgfältige Erz-Vorbehandlung 44
Brennstoffversorgung mit Koks 46
Viel Mühe um heiße Luft 49
Das Herz der Eisenhütte: der Hochofen 50
Glut, die Eisen schafft. 52
Funkensprühender Abstich 55
Gusseisen in Grau und Weiß 57

Entstanden im reinigenden Feuer — 59

- Roheisen plus Schrott — 59
- Geboren im Feuersturm — 60
- Trennung beim Ausleeren — 61
- Stahl durch Strom — 62
- Nachbehandlung zur Qualitätssteigerung — 63
- Stahlveredlung — 64
- Stahl für Zukunftsautos — 65
- Dehnbar fast wie ein Gummiband — 66
- Umweltschutz-Meister Stahl — 68
- **Stähle aller Art** — 70

Gießen, Schmieden, Walzen — 72

- Aus einem Guss — 74
- Ein endloses Band aus Stahl — 74
- Heiße Güsse — 76
- Stahl im Walzentakt — 76
- In der Schmiede — 78
- Gepresst und gehämmert — 79
- Trennen und Schweißen — 82
- Kaltgepresster Stahl — 84
- Alles für die Dose — 84
- Autobleche mit kleinen Tricks — 85
- Stahl auf Draht — 86
- Kräftiger Zug — 86
- Draht jeder Art — 87
- Schutz gegen Angriffe — 88

Eine Welt voller Stahl — 90

- Auf Schienen unterwegs — 90
- Untertage durch die Alpen — 91
- Wege übers Meer — 91
- Stahl auf vier Rädern — 92
- Ein Turm ganz aus Stahl — 93
- Über Meer und Land — 94
- Abschotten gegen die Flut — 95
- Starke Träger — 96
- Bauen wie nie zuvor — 97
- Ohne Stahl kein Strom — 98
- Gefeit gegen Stürme — 100
- Kein Produkt ohne Stahl — 101
- In die Zukunft gerichtet — 102

Anhang — 104

- Index — 104

■ *Das Atomium in Brüssel: Neun mit Edelstahl verkleidete Kugeln bilden die Kristallzelle des Eisens ab. In den Röhren sind teilweise Rolltreppen eingebaut.*

Das Element Eisen

Ein Denkmal für das Eisen

In der belgischen Hauptstadt Brüssel steht ein höchst ungewöhnliches Bauwerk: Acht glänzende Kugeln von je 18 Meter Durchmesser, verbunden mit Röhren, bilden einen auf einer Ecke balancierenden Würfel, eine weitere liegt im Zentrum. Dieses 102 Meter hohe »Atomium« stellt einen Eisenkristall dar – 165-milliardenfach vergrößert. Jede der passenderweise mit Edelstahl verkleideten Kugeln symbolisiert ein Eisenatom: Das Atomium ist das wohl größte Eisen-Denkmal der Welt.

Nicht ohne Grund hat sich der Architekt gerade zur Darstellung des Eisens entschlossen. Das zur Weltausstellung 1958 errichtete Atomium sollte vor allem für die belgische Industrie werben. Doch auch in der Natur und nicht zuletzt im menschlichen Körper spielt Eisen eine wichtige Rolle.

Der größte Ozean der Erde

Die Erde ist ausgesprochen reich an Eisen. Denn ihr Kern besteht aus einer Mischung der Metalle Eisen und Nickel. Der größte Teil dieses Erdkerns ist flüssig bei Temperaturen um 2900 Grad Celsius. Man kann ihn als den größten Ozean der Erde ansehen. Denn er macht rund 30 Prozent der gesamten Erdmasse aus – die Masse der Wasser-Ozeane beträgt nur winzige Bruchteile eines Promille.

Auch zahlreiche andere Planeten und Kleinplaneten besitzen einen Eisen-Nickel-Kern. Dafür spricht, dass immer wieder Eisenmeteoriten auf die Erde stürzen – sie stammen vermutlich aus Kleinplaneten, die bei Kollisionen zerstört wurden. Der größte je gefundene Meteorit, der Hoba-Meteorit, besteht aus über 50 Tonnen Eisen.

Geboren in Feuerstürmen

Es gibt einen guten Grund, warum Eisen im Weltall vergleichsweise häufig ist: Sein Atomkern ist der stabilste von allen. Dazu muss man wissen, dass die Sterne gewaltige Brutöfen sind, die schwere Atomkerne aus leichteren zusam-

So würde die Erde angeschnitten aussehen: Glühendes Gestein und im Zentrum gewaltige Mengen flüssigen und festen Eisens. ▶

menbacken. Der Fachausdruck dafür lautet »Fusion«, und aus dieser Fusion beziehen sie ihre Energie. Ausgangsmaterial dafür ist das leichteste Element Wasserstoff.

Unsere Sonne fusioniert Wasserstoff zu Helium – für sie ist dann Schluss. Deutlich massereichere Sterne aber können, wenn ihr Wasserstoff verbraucht ist, bei höheren Temperaturen und Drücken auch das Helium als Brennstoff nutzen und dadurch schwerere Elemente wie Kohlenstoff und Sauerstoff erzeugen. Ist auch das Helium verbraucht, dienen mittels erneuter Temperaturerhöhung auch die erzeugten schwereren Atomkerne als Brennstoff. Diese Kette geht immer weiter – bis zum Eisen. Hier endet sie, weil beim Erzeugen noch schwererer Atome keine Energie frei wird. Letztlich bildet sich im Sterninnern ein mächtiger Eisenball, der aber instabil ist und mit ungeheurer Wucht explodiert.

Eine solche Supernova-Explosion setzt ungeheure Energiemengen frei, und in diesem Feuersturm entstehen dann auch Elemente mit Atomkernen schwerer als Eisen. Zudem treibt die Gewalt der Explosion all die neu geborenen Elemente ins All hinaus, wo sie in gewaltigen Gas- und Staubwolken dahinschweben, bis sie sich irgendwann wieder zu Sonnen und Planeten zusammenballen. Auch das Baumaterial der Erde ist vor vielen Jahrmilliarden in solchen Feuerstürmen entstanden – ohne die Existenz von Eisen gäbe es unsere Erde nicht.

Braune Spuren

Nur ein winziger Bruchteil des irdischen Eisens steckt in der Erdkruste, also der harten äußeren Schicht, auf der wir leben. Dennoch ist sie ausgesprochen eisenreich – Eisen ist hier das vierthäufigste chemische Element. Freilich findet man sehr selten natürlich vorkommendes metallisches Eisen. Nur frisch auf die Erde gestürzte Eisenmeteorite bleiben in trockener Witterung zunächst noch metallisch.

In feuchter Umgebung aber hat ungeschütztes metallisches Eisen nicht allzu lange Bestand – es rostet schon nach wenigen Tagen. Denn Eisen ist ein chemisch sehr reaktionsfähiges Element. Es verbindet sich leicht mit dem Sauerstoff und dem Wasser in der Luft. In Vulkangebieten und im Unter-

---

Probiere es selbst!
Rostendes Eisen

■ Lege zwei Eisennägel in einen Becher mit Wasser, so dass sie vollständig bedeckt sind. Zwei weitere Nägel legst du auf etwas feuchtes Küchenpapier auf einem Teller und deckst ein Glas darüber. Und schließlich bettest du weitere zwei Nägel auf trockenes Küchenpapier und deckst sie ebenfalls mit einem Glas zu.

  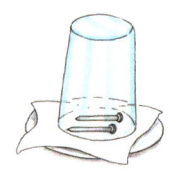

■ Beobachte die Nägel einige Tage lang. Die an feuchter Luft liegenden Nägel färben sich weit rascher braun als die vollständig zugedeckten oder die im Trockenen liegenden.

 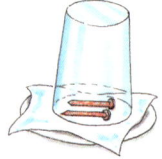 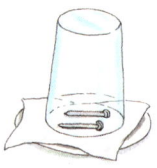

■ Das zeigt: Die Rostbildung braucht sowohl Wasser als auch Sauerstoff aus der Luft – unter Wasser ist wenig Sauerstoff vorhanden, an trockener Luft fehlt das Wasser.

Der Rote Planet

Im Altertum wurde der Planet Mars wegen seiner ungewöhnlichen Farbe nach dem Gott des Krieges benannt. Er leuchtet deutlich blutrot am Himmel.

Inzwischen haben die Marssonden freilich herausgefunden, dass die rote Farbe keineswegs von Blut stammt, sondern von gigantischen Mengen an Eisen-Sauerstoff-Verbindungen auf der Oberfläche. Der Mars ist also sozusagen ein rostiger Planet.

---

grund reagiert es auch mit anderen Stoffen, zum Beispiel Schwefel. In der Erdkruste findet man es daher fast immer in Form chemischer Verbindungen.

Der Eisengehalt der Erdkruste ist gut sichtbar. Denn die meisten Eisenverbindungen sind rostbraun, mit Spielarten ins Gelbe, Rote und Dunkelbraune. Braune Streifen oder Flecken an offen liegenden Gesteinen zeigen daher Eisen an. Verwittern diese Gesteine, entstehen bisweilen Lager aus Ton oder Lehm (mit Sand vermischter Ton). Das Eisen ist darin in Form des Eisenminerals Limonit, auch »Brauneisenstein« genannt, feinverteilt enthalten. Dieser Stoff ist für die rötliche oder braunschwarze Farbe vieler Gesteine und Erdböden verantwortlich.

An manchen Stellen findet man Limonit in konzentrierter Form als weiches Gestein, das man leicht abgraben kann. Durch Aufschlämmen lässt sich das Limonit rein gewinnen und zum Beispiel als Farbpulver verwenden.

Buntsandstein

Helgoland, das Land am unteren Neckar bei Heidelberg und die Pfalz sind berühmt für ihre roten Felsen. Sie bestehen aus Buntsandstein, also Sandstein gefärbt durch eingelagerte Eisenverbindungen. Diese Gesteine sind rund 250 Millionen Jahre alt: Sie stammen aus einer erdgeschichtlichen Periode, als Gebiete des heutigen Europas unter der heißen Äquatorsonne lagen.

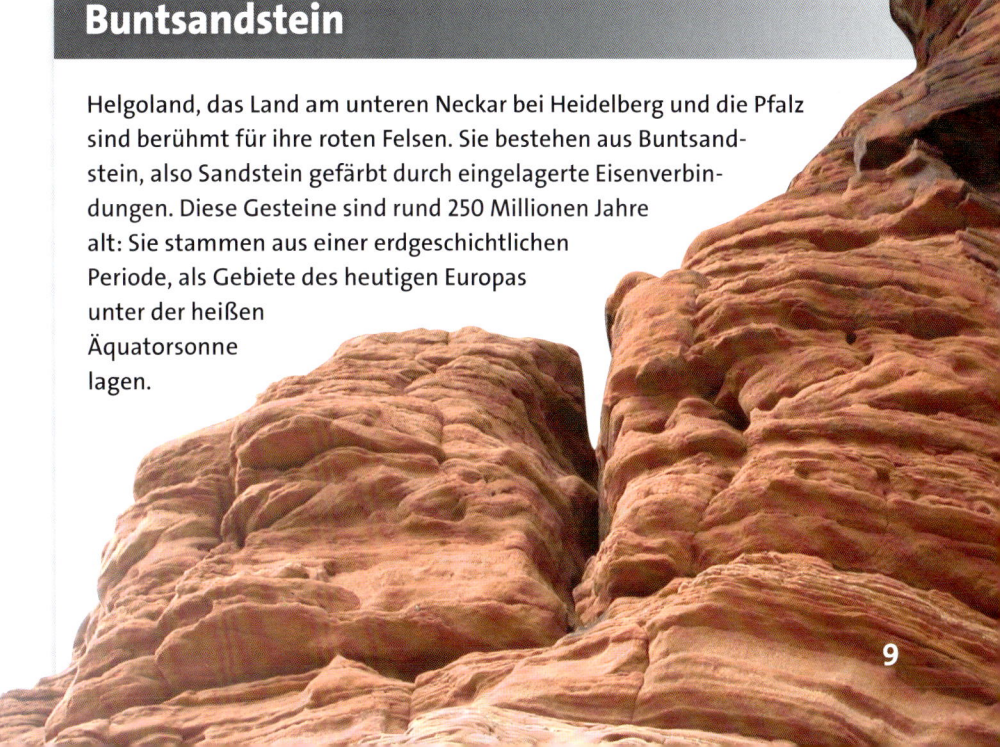

▲ *Die Ockerbrüche nahe dem Dorf Roussillon in Südfrankreich zählen zu den schönsten und farbstärksten der Erde. Besonders im Licht der Nachmittagssonne scheinen die Felsen geradezu von innen her zu strahlen.*

Je nach Farbton nennt man es Ocker, Siena oder Umbra. Schon Steinzeitmenschen nutzten solche natürlichen Farbpulver für ihre Höhlenmalereien. In der südfranzösischen Provence haben sich an einigen Stellen mächtige Lager von besonders reinem und leuchtkräftigem Ocker gebildet – manche gelb, manche kräftig rot. Sie waren Grundlage einer florierenden Farbstoffherstellung. Heute sind diese Ockerbrüche ein beliebtes Touristenziel – und besonders im Abendsonnenschein eine Augenweide.

Auch die roten tropischen Laterit-Böden verdanken ihre Farbe bestimmten Eisenverbindungen. Das kräftige Ziegelrot ist ein Merkmal für Entstehung in heißem Klima. In früheren Zeiten formte man in vielen warmen, regenarmen Ländern aus diesem Material Ziegelsteine und ließ sie an der Sonne trocknen und härten, um sie als Baumaterial für Wohnhäuser und sogar Tempel zu nutzen – die großen Sonnenpyramiden in Peru und in Mittelamerika zum Beispiel sind aus getrockneten Lehmziegeln erbaut. Sie sind ein vorzügliches Baumaterial – solange es nicht dauerhaft regnet.

Aus Lehm gefertigt sind auch die bei uns verwendeten Dachziegel und Mauersteine. Aber sie wurden dann in Öfen bei hohen Temperaturen gebrannt und sind daher wasserfest. Die durch den Brennprozess entstandene rote oder gelbe Farbe stammt ebenfalls von Eisenverbindungen. Denn bei kräftigem Erhitzen setzt Limonit Wasser frei und verändert dabei seine Farbe – es wird gelblich oder rot oder nimmt eine Mischfarbe dazwischen an, je nach Zusammensetzung. Ähnlich rote oder gelbe Farbtöne zeigen Terracotta-Vasen oder -Figuren – und auch hier ist gebrannter Limonit im Rohstoff Ton die Ursache dieser warmen Erdfarben.

Vasen aus Terracotta sind wegen ihrer warmen, erdigen Farbtöne sehr beliebt. Die roten und gelben Farbtöne stammen von Eisenverbindungen, die darin in unterschiedlichen Konzentrationen enthalten sind. ▼

Vulkane brachten Eisen hervor

Eisen ist in der Erdkruste fast allgegenwärtig. Doch meist ist die Konzentration für einen wirtschaftlichen Abbau viel zu niedrig. An manchen Stellen aber haben sich Eisenverbindungen so stark angereichert, dass der Abbau sich lohnt.

Die Eisenerz-Lagerstätten sind auf ganz unterschiedliche Weise entstanden. An manchen Orten ist Magma, also geschmolzenes Gestein aus der Erdtiefe, in Spalten der Erdkruste aufgestiegen und hat Eisenverbindungen mitgebracht. Bei langsamer Abkühlung des Magmas sammelten sie sich an bestimmten Stellen. Nicht selten auch drangen Grundwässer in heißes Tiefengestein ein. Aufgeheiztes Wasser hat eine erstaunliche Lösungsfähigkeit und laugt Mineralstoffe aus dem vulkanischen Gestein aus. Steigt es dann in oberflächennahe und damit kältere Zonen auf, kühlt es ab und scheidet die Minerale nach und nach aus, oft schön kristallisiert, nach Art getrennt und damit konzentriert.

Erzförderung durch Schwarze Raucher

Besonders intensiv verläuft dieses Auslaugen und Abscheiden am Meeresgrund in vulkanischen Gebieten. Dort löst versickertes überhitztes Meerwasser Mineralien aus dem Tiefengestein. Die mit Mineralstoffen und den in Vulkangebieten allgegenwärtigen Schwefelverbindungen beladene dunkle Brühe jagt dann aus Löchern am Meeresgrund, sogenannten Schwarzen Rauchern.

Beim Kontakt mit dem kalten Meerwasser scheiden sich die Mineralstoffe rasch aus. Die in weitem Umkreis abgelagerten Metallverbindungen bilden viele Meter dicke Schichten. Auf diese Weise entstanden in früheren Zeiten gewaltige Lager mit Millionen Tonnen diverser Minerale, darunter auch Eisenerze. Erdinnere Kräfte brachten manche dieser Lager an die Festlandsoberfläche; sie werden heute in großem Stil abgebaut.

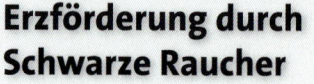

Schwarze Raucher am Meeresgrund. Ständig strömen hier riesige Mengen heißen, mineralhaltigen Wassers aus dem Meeresboden und lagern Erze ab. ▼

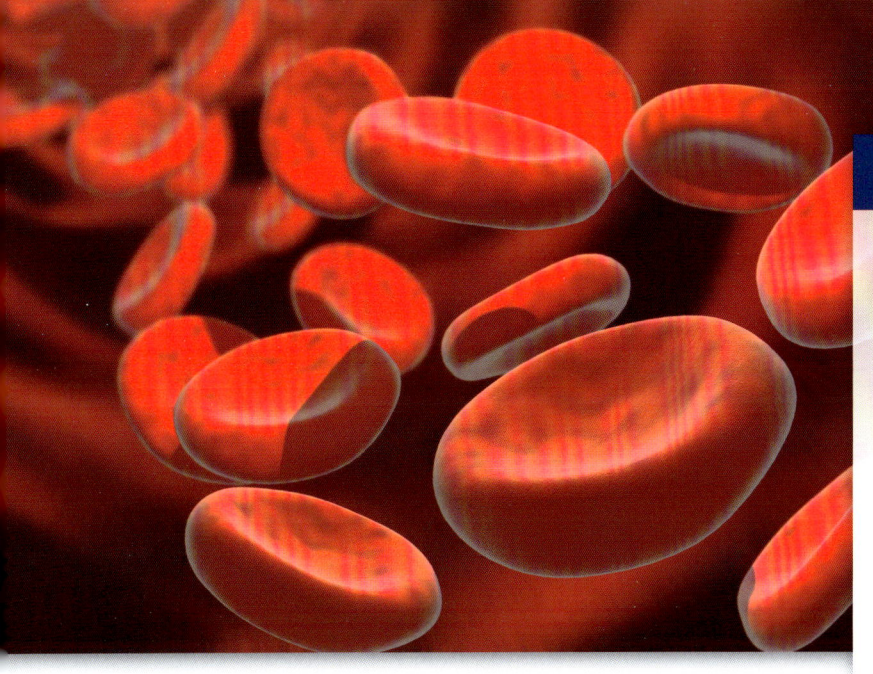

Eisen im Blut

Ohne Eisen würden wir alle ersticken. Unser Blut hat bekanntlich die Aufgabe, Sauerstoffgas aus der Lunge in alle Organe zu befördern. Diese Aufgabe erfüllt ein bestimmter Eiweißstoff innerhalb des Blutes, das Hämoglobin.

Zentrum dieses komplexen Hämoglobin-Moleküls ist ein Eisen-Atom: Es bindet den Sauerstoff, gibt ihn aber auch leicht wieder ab. Weitere Stoffe mit zentralen Eisenatomen arbeiten im Körper an anderen wichtigen Stellen, etwa in Muskeln und Zellen und erfüllen vielfach lebenswichtige Aufgaben. Eisenmangel ist daher ein ernstes Gesundheitsproblem.

Bakterien als Eisenlieferanten

Andere Erzlagerstätten verdanken ihre Entstehung bestimmten Bakterien. Sie gewinnen Energie, indem sie Eisenverbindungen mit Luftsauerstoff verkuppeln. Die dabei entstehenden braunen Produkte sind schlecht wasserlöslich und scheiden sich daher ab. An manchen Stellen entstanden dadurch Eisenerzlager in der Übergangszone, wo Grundwasser mit Luftsauerstoff zusammentrifft. Weil sie meist nahe der Grasnarbe liegen, nennt man diese Vorkommen »Raseneisenerze«.

Heute sind viele einst bedeutende Lagerstätten solcher Erze verschwunden. Sie wanderten in die Brennöfen früher Völker wie Kelten, Römer und Germanen, weil man aus ihnen besonders leicht metallisches Eisen herstellen kann.

Eisen fraß den ersten Sauerstoff

Die heute wichtigsten und weitaus größten Eisenerz-Lagerstätten entstanden schon vor Jahrmilliarden – ebenfalls dank der Tätigkeit von Kleinlebewesen auf der noch jungen Erde. Diese Mikroorganismen hatten sich damals gerade eine neue Energiequelle erschlossen: Sie fingen mit besonderen Farbstoffen Sonnenlicht ein. Zwar entstand dabei der für die damaligen Lebewesen hochgiftige Sauerstoff, aber das war jahrmilliardenlang kein Problem: Im Meer-

◄ *Eisenbakterien haben aus dem eisenhaltigen Wasser dieses Baches braunroten Limonit ausgefällt.*

wasser gelöstes Eisen aus vulkanischer Tätigkeit fing den Sauerstoff auf.

Die so entstehenden rotbraunen, wasserunlöslichen Flocken aus braunen Eisenverbindungen setzten sich am Meeresgrund ab und bildeten schließlich Hunderte von Meter dicke Gesteinsschichten. Ihre Farbe wechselt alle paar Millimeter oder Zentimeter zwischen verschiedenen Rotbraun- oder Grautönen. Im Querschnitt weisen sie daher ein gebändertes Aussehen auf, was ihnen den Namen Bändererze eingetragen hat. Insgesamt enthalten sie weit über 150 Milliarden Tonnen Eisen – ein Vielfaches des weltweiten Jahresbedarfs – und werden an mehreren Orten der Erde abgebaut, wo einstiger Meeresgrund zu Festland wurde.

Geheimnisvolle Liebe zum Eisen

Schon im Altertum fiel aufmerksamen Beobachtern auf, dass das Mineral Magnetit Dinge aus Eisen anzieht. Später fand man auch heraus, dass Magnete zwei besonders aktive Stellen besitzen, die man Nordpol und Südpol nannte (man glaubte fälschlicherweise, sie hätten etwas mit den Polen der Erde zu tun). Zwei Nord- oder zwei Südpole stoßen sich ab, Nord- und Südpol dagegen ziehen sich an.

Lange Zeit war die Ursache dieser magnetischen Kräfte ein Rätsel. Heute wissen wir, dass sie mit dem Atombau zusammenhängen. Magnetit ist heute längst nicht mehr der einzige Magnet-Werkstoff – man kennt weit stärkere Magnetmaterialien, auch solche, die kein Eisen enthalten.

Sogar jeder Draht verwandelt sich in einen Magneten, sobald durch ihn elektrischer Strom fließt. Besonders stark ist sein »Elektromagnetismus«, wenn er zu einer Spule aufgewickelt ist, und ein Spulenkern aus Eisen verstärkt ihn nochmals.

Auf dem Elektromagnetismus beruhen wichtige Geräte. Die Generatoren in Kraftwerken zum Beispiel, die uns mit elektrischem Strom versorgen, enthalten gewaltige Elektromagnete. Der Strom wird mittels Hochspannungsleitungen verteilt und mithilfe von Transformatoren wieder in Strom niedriger Spannung umgewandelt. Sie basieren auf Elektromagnetismus ebenso wie Elektromotoren, vom Kleinmotor im elektrischen Mixer bis zu gewaltigen Antriebsmotoren für Fabriken oder in Lokomotiven. All die Generatoren, Transformatoren und Motoren bestehen neben Kupfer vor allem aus Eisen.

Werkstoffe auf der Basis von Eisen schließlich sind unverzichtbar für die Unterhaltungselektronik

Rund 8000 Kilogramm wiegt dieser mannshohe Block aus Bändereisenerzen. Sie haben sich vor über 2 Milliarden Jahren in dünnen Schichten abgelagert und verfestigt. ▼

Magnetische Erde

Einst glaubte man, im Erdinnern läge eine Art riesiger Stabmagnet, dessen Magnetfeld den Kompass beeinflusst. In Wirklichkeit ist das flüssige Eisen im Erdkern die Ursache: Hier kreisen gigantische elektrische Ströme, angeregt von der Erddrehung. Sie erzeugen das Erdmagnetfeld – die Erde ist also ein gewaltiger Elektromagnet.

Zu unserem Glück: Das Erdmagnetfeld lenkt die ebenfalls magnetischen energiereichen Teilchen ab, die die Sonne ständig ins All jagt und die sonst auf die Erde prasseln würden. Nur nahe der Pole gelangen die abgelenkten Teilchen in die obersten Schichten der Lufthülle und lassen dabei mitunter prächtige Polarlichter aufflammen.

und für die Computertechnik. Viele Lautsprecher und Kopfhörer enthalten kleine, aber superstarke Magnete sowie Drahtspulen. Und Magnetbänder und Festplatten speichern Daten auf magnetischem Weg.

Probiere es selbst!

Magnete und Eisen

1. Besorge dir (etwa aus dem Spielwarenladen) zwei Magnete. Die Pole sind meist farblich gekennzeichnet. Teste, wie sich gleichnamige und ungleichnamige Pole verhalten.

2. Probiere mit eisernen Nägeln, wie weit die Magnetkraft reicht und wie stark sie ist: Wie viele Nägel trägt ein Magnet?

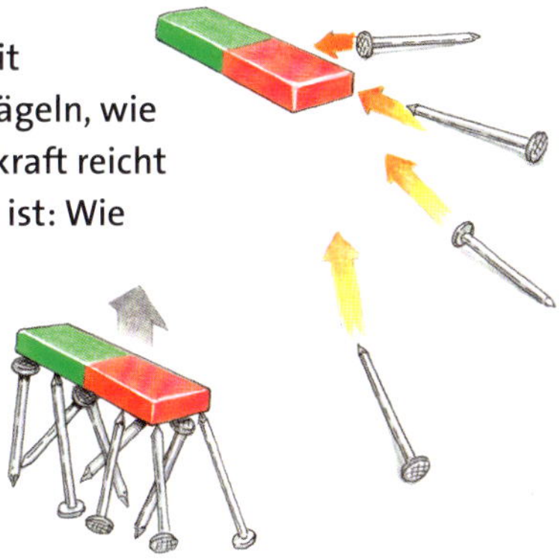

3. Lege einen Stabmagneten auf eine Untertasse und lasse sie im Waschbecken schwimmen. Was passiert? Sie stellt sich so ein, dass der Stabmagnet in Nord-Süd-Richtung steht – er funktioniert als Kompass.

4. Teste mit einem Kompass (gibt es billig in Spielzeugläden), wie weit die Magnetkraft deines Magneten reicht.

5. Wickle etwa 10 Windungen isolierten Draht um einen dicken Nagel und verbinde die abisolierten Ende des Drahtes kurz mit den Anschlüssen einer 9 Volt-Batterie. Teste mit Kompass und Nägeln seine Magnetkraft.

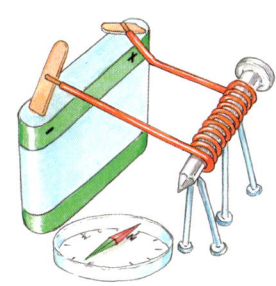

Magnetit

Eines der wichtigsten Eisenerze, eine Verbindung von Eisen (Fe) und Sauerstoff (O). Solche Verbindungen nennt man allgemein Eisenoxide. Magnetit hat die chemische Formel Fe_3O_4 – je drei Eisenatome sind also mit vier Sauerstoffatomen zu einem Molekül verbunden. Der Eisengehalt beträgt 60 bis 70 Prozent.

Magnetit bildet graue, matt metallglänzende Massen oder Kristalle und kommt in zahlreichen vulkanischen Gesteinen vor, teils in gewaltigen Mengen.

Bedeutende Fundstellen sind Kiruna (Schweden), Westaustralien und mehrere Regionen der USA. Er ist, wie der Name verrät, stark magnetisch und zieht metallisches Eisen an.

Siderit (Spateisenstein)

Eine chemische Verbindung von Eisen mit Kohlensäure mit der Formel $FeCO_3$ (C= Kohlenstoff).

Die bekannteste Fundstelle ist der mächtige Erzberg in der Steiermark (Österreich). Es ist vergleichsweise leicht, daraus Eisen zu gewinnen, daher ist Siderit trotz des geringen Eisengehalts von nur etwa 40 Prozent beliebt und zählt zu den ersten vom Menschen genutzten Eisenerzen.

Eisenerze und Eisenmineralien

Bodenschätze als Rohstoffe für die Eisengewinnung

Limonit

Ein aus mehreren Mineralen bestehendes, sehr häufiges Gestein, das zu den wichtigsten Eisenerzen zählt. Chemisch ist es ein wasserhaltiges Eisenoxid, also im Grunde eine Art Rost.

Es bildet weltweit zahlreiche große Vorkommen, an denen es meist durch Verwitterung und Umsetzung mit Luftsauerstoff und Wasser aus anderen Eisenmineralen entstanden ist. So ruht über manchen Erzlagerstätten ein »brauner Hut«, wo das Eisen sich mit Grundwasser und Luft in Limonit umgewandelt hat.

Limonit enthält rund 60 Prozent Eisen.

Pyrit

Das goldgelbe, metallglänzende Mineral, das bisweilen in schönen Würfeln kristallisiert, ist eine Eisen-Schwefel-Verbindung der Formel FeS_2 (S=Schwefel).

Weil es bisweilen wegen seines Goldglanzes mit echtem Gold verwechselt wurde, nennt man es auch Katzen- oder Narrengold.

Pyrit kommt außerordentlich häufig vor als Beimischung in anderen Mineralien, Gesteinen und in Kohle, hat zur Eisengewinnung aber wenig Bedeutung.

Hämatit

Ebenfalls eine Eisen-Sauerstoff-Verbindung (Eisenoxid). Aber wie die Formel Fe_2O_3 zeigt, sind in seinem Molekül immer zwei Eisenatome mit drei Sauerstoffatomen verknüpft – der Eisengehalt ist also mit etwa 50 Prozent geringer als im Magnetit.

Er bildet glänzende, rotbraune bis fast schwarze Massen oder Kristalle. Poliert man ihn, entsteht ein kräftiger Metallglanz, weshalb er gerne als Schmuckstein verwendet wird.

Weil Hämatit in gewaltigen Mengen an Tausenden von Fundorten vorkommt, ist es das wichtigste Eisenerz.

Gepulvert dient es als »Rötel« in Malerfarben – schon Steinzeitmenschen nutzten es in Höhlenmalereien oder zum Einfärben des Körpers.

Rohstoff für Werkzeug und Waffen

▲ Eiserne Speerspitzen und Äxte. Waffen aus Eisen waren besser als solche aus Bronze, aber auch schwieriger herzustellen.

Die frühesten Kanonenrohre, die nach Einführung des Schießpulvers in Gebrauch kamen, bestanden aus Schmiedeeisen. Später lernte man, auch stabile Rohre aus Eisen zu gießen. ▼

Die Kelten, frühe Eisenverarbeiter, nannten das Metall »Isara«, was »stark, fest« bedeutet – daher stammt unser Wort Eisen. Die Römer hatten ihm den Namen »Ferrum« gegeben, abgeleitet vom lateinischen Wort ferreus mit der Bedeutung »kräftig, hart, schwer«. Beides weist auf die vorteilhaftesten Eigenschaften des Metalls hin: Eiserne Werkzeuge und Waffen übertrafen ihre Vorläufer aus Stein oder Bronze vor allem an Härte und Festigkeit. Und auch das »schwer« stimmt: Eisen wiegt fast achtmal so viel wie das gleiche Volumen Wasser.

Freilich ist Eisen als Erz zwar weit verbreitet, aber vergleichsweise schwierig zu gewinnen. Die Herstellung metallischen Eisens aus Eisenerz ist ein chemischer Vorgang. Ist das Eisen mit Sauerstoff verbunden, wie etwa in Magnetit und Hämatit, muss man dazu den Sauerstoff anderweitig binden. Das geschieht seit Jahrhunderten mit Holzkohle oder Koks. Bei hohen Temperaturen über 800 Grad Celsius reißt ihr Kohlenstoff den Sauerstoff aus den Eisenoxiden und lässt Eisenmetall zurück. Der Chemiker nennt diesen Vorgang »Reduktion«.

Komplizierte Vorgänge im Allerkleinsten

Wir können die ersten Eisenverhütter nur bewundern, denn es sind zahlreiche Tricks nötig, um Eisen zu einem brauchbaren Metall zu machen. So schmilzt es erst bei der relativ hohen Temperatur von etwa 1538 Grad Celsius – also viel höher als etwa Kupfer (1084 Grad), Bronze (um 800 Grad) oder gar Blei (327 Grad). Während des Erhitzens laufen zudem innerhalb des Eisens komplizierte Umlagerungen ab. Sie bewirken, dass das Metall ganz unterschiedliche Härte und Zähigkeit aufweist, je nachdem, wie rasch und auf welche Temperatur es erwärmt und abgekühlt wurde. Und Beimischungen anderer Elemente ändern seine Eigenschaften enorm.

In Zeiten ohne Thermometer und chemische Analyse waren diese Vorgänge kaum kontrollierbar. Erst in neuerer Zeit hat die Eisenforschung im Laufe jahrzehntelanger Forschungen die Vorgänge im Eisenkristall durchschaut.

Heute freilich ist die immense Wandlungsfähigkeit des Eisens von Vorteil: Man nutzt sie gezielt, um Werkstoffe für unterschiedliche Anwendungen herzustellen.

Raumgitter des Eisens

Feste Metalle wie Eisen sind Kristalle. Das bedeutet, dass ihre Atome in einer bestimmten gesetzmäßigen räumlichen Struktur angeordnet sind, die man Raumgitter nennt.

Beim Eisen zum Beispiel ist dies bei Zimmertemperatur die Anordnung wie im Atomium: 8 Atome als Würfel, eines im Zentrum.

Ein Eisenkristall enthält also viele Billionen solcher Würfel neben-, hinter- und übereinander. Man nennt Eisen dieser Art »Ferrit«.

Beim Erhitzen wandelt es sich bei 911 Grad Celsius aber plötzlich

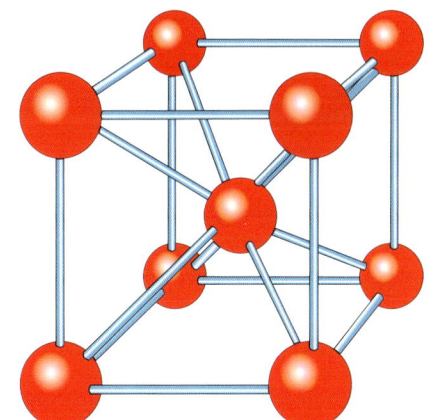

um: Die Würfel bleiben, aber statt des Zentrums enthält jetzt jede Fläche jeweils ein zusätzliches Eisenatom.

Eisen in dieser »Austenit« genannten Struktur lässt sich besonders gut auswalzen, ist aber unmagnetisch. Erhitzt man das Eisen weiter, bildet sich bei 1392 Grad Celsius plötzlich wieder die alte Struktur zurück.

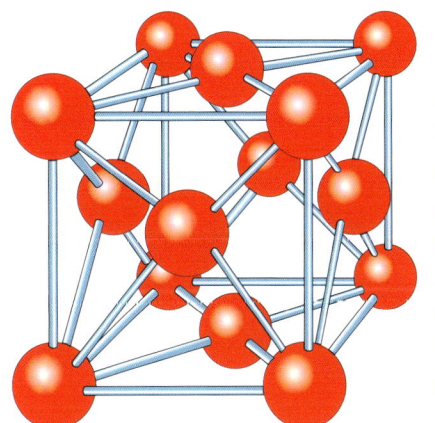

Erst durch Zusätze brauchbar

Reines Eisen ist vergleichsweise weich und als Werkstoff wenig nützlich. Erst durch Vermischen mit weiteren Elementen wird es härter und fester. So verwandeln Kohlenstoff und andere Metalle Eisen in den Wunderwerkstoff Stahl. Schon Bruchteile eines Promille vom Nichtmetall Kohlenstoff erhöhen deutlich die Härte des Eisens. Sie steigt mit zunehmendem Kohlenstoffgehalt bis etwa 2 Prozent noch an. Stahl lässt sich schmieden, also durch Hämmern oder Walzen in eine andere Form bringen. Und er lässt sich härten: Erwärmen und plötzliches Abkühlen (»Abschrecken«) steigern seine Härte drastisch.

Kohlenstoffgehalte von deutlich mehr als 2 Prozent aber verändern die Eigenschaften des Eisens enorm. Dieses stark kohlenstoffhaltige Eisen schmilzt schon bei 1150 Grad Celsius. Es lässt sich daher gut gießen und wird aus diesem Grund »Gusseisen« genannt. Aber es ist spröde und zerspringt unter dem Hammer.

▲ *Kunstschmied am Werk*

◀ *Kanonenkugeln stellte man etwa ab dem 15. Jahrhundert aus Gusseisen her. Sie waren schwerer und damit durchschlagender als die zuvor verwendeten Steinkugeln.*

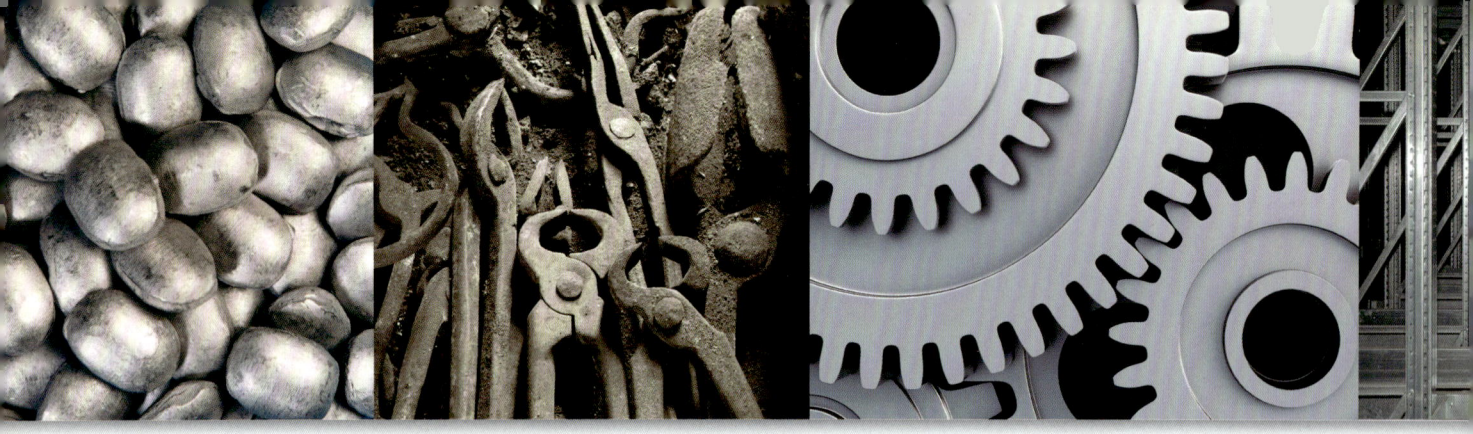

▲ Eisen findet vielfach Verwendung im Alltag. Von links: Eisenpellets, Zangen, Zahnräder, Regalsystem, Sieldeckel, Stahlwürfel, geschliffener Edelstahl

Rollen frisch hergestellten Blechs aus rostfreiem Edelstahl warten auf den Transport zu einem der vielen Weiterverarbeitungsbetriebe. ▼

Balanceakt zweier Strukturen

Ein Grund für die unterschiedlichen Eigenschaften, die Stahl je nach Kohlenstoffgehalt und Wärmebehandlung besitzt, liegt in der Existenz der beiden Strukturen Ferrit und Austenit. Der Kohlenstoff kann sich im Stahl auflösen wie Zucker in Wasser, er kann aber auch mit dem Eisen eine chemische Verbindung eingehen. Jeweils drei Eisenatome verbinden sich dabei mit jeweils einem Kohlenstoffatom zu Eisencarbid. Dieser Stoff ist sehr hart und kann die Härte von Stahl daher maßgeblich beeinflussen.

Eisen in der Ferrit-Struktur allerdings löst nur sehr wenig Kohlenstoff. Erhitzt man es über 911 Grad Celsius, so dass sich die Austenit-Struktur bildet, lösen sich dagegen deutlich größere Mengen Kohlenstoff darin auf. Kühlt man Eisen mit etwa 0,3 Prozent Kohlenstoff relativ langsam ab, erhält man Ferrit mit zahlreichen eingelagerten harten Eisencarbid-Körnchen und damit einen zähen und widerstandsfähigen Stahl.

Schreckt man es dagegen plötzlich ab, hat das Gefüge keine Zeit, sich umzulagern: Es entsteht ein Stahl, in dem die überschüssigen Kohlenstoffatome das Raumgitter stark verzerren. Das erhöht die Härte enorm, allerdings auch die Sprödigkeit. Seit alters her bestand die Kunst der Schmiede darin, ohne genaue Kenntnis dieser Vorgänge stählerne Gegenstände mit optimalen Festigkeitseigenschaften herzustellen.

Ist im Eisen rund 2 Prozent Kohlenstoff gelöst, scheidet er sich beim langsamen Abkühlen zum Teil in Form feiner dunkler Flocken aus – es entsteht graues Gusseisen. Die Kohlenstoffflocken schwächen das Kristallgefüge.

Das Gusseisen ist daher spröde und hält – ganz anders als Stahl – keine großen Zugkräfte aus.

Neben Kohlenstoff können moderne Stähle auch zahlreiche andere Metalle enthalten, die seine Eigenschaften verbessern. Man nennt diese Metalle »Legierungselemente«, bisweilen auch »Stahlveredler«. Jedes dieser Elemente verändert die Eigenschaften des Stahls, und viele Stahlsorten enthalten sogar mehrere unterschiedliche Legierungselemente. So machen zum Beispiel Silicium, Aluminium und Chrom den Stahl widerstandsfähiger gegen Luftsauerstoff, während Molybdän, Wolfram, Vanadium und Cobalt die Verschleißfestigkeit, besonders bei hohen Temperaturen, steigern.

Andererseits gibt es auch Stahlschädlinge, die zum Teil aus natürlichen Verunreinigungen des Eisenerzes stammen. Arsen, Phosphor, Schwefel und Sauerstoff zum Beispiel verschlechtern teils schon in geringer Konzentration deutlich die Festigkeitseigenschaften und müssen daher aus der Schmelze entfernt werden.

Ein Anwender kann heute unter Tausenden von Stahlsorten die für seinen Zweck am besten geeignete wählen. Sie unterscheiden sich in ihren Eigenschaften aufgrund unterschiedlicher Gehalte an Kohlenstoff und anderen Legierungselementen sowie durch die jeweilige Temperaturbehandlung.

Kampf dem Rost

Der größte Feind des Eisens ist bekanntlich der Rost. Beim Rosten reagiert Eisen mit Luftsauerstoff und Feuchtigkeit und zerfällt in eine weiche, bröcklige, rotbraune Masse. Das verursacht jährlich Schäden in Milliardenhöhe. Auch viele Säuren greifen Eisen an und lösen es auf.

Mehrere Faktoren beschleunigen diese Korrosion sogar noch. So rostet Eisen besonders rasch, wenn Säuren im Spiel sind – etwa in chemischen Betrieben. Auch Salz wirkt als Rostbeschleuniger, deshalb wirken Meerwasser und salzhaltige Meeresluft so aggressiv auf Eisen. Trockene Luft dagegen schützt Eisenteile vor Rost.

Im Laufe der Zeit wurden freilich zahlreiche Maßnahmen gegen Korrosion entwickelt, zum Beispiel vor Rost schützende Überzüge wie auch nichtrostende Stahlsorten.

▲ *Auch Glocken wurden bisweilen aus besonders hartem Gusseisen gefertigt. Solche Glocken waren billiger als Bronzeglocken – allerdings nicht rostfest.*

6000 Jahre

Bild eines Meteoritenfalls in Frankreich im Jahre 1872. Solche Fälle erschreckten die Augenzeugen, aber nur sehr selten kommen Menschen durch Meteoriten zu Schaden. ▶

Bisweilen stürzen viele Tonnen schwere Brocken aus nickelhaltigem Eisen aus dem All auf die Erde. Sie stammen aus dem Kern ehemaliger Kleinplaneten, die bei Kollisionen untereinander zerstört wurden. ▼

Das erste Eisen, das der Mensch nutzte, war vom Himmel gefallen: Es stammte aus Eisenmeteoriten. Man kann das heute leicht feststellen, weil Meteoriteneisen stets einige Prozent Nickelmetall enthält. Die ältesten Gegenstände aus Meteoriteneisen sind rund 6000 Jahre alt.

Offenbar wurde der Fall von Meteoriten bisweilen beobachtet, denn vielen Kulturen war der himmlische Ursprung dieses Metalls bekannt. So nannten es die Sumerer »Kupfer des Himmels«, und die Ägypter stellten es in ihren Malereien blau dar, also in der Farbe des Himmels. Wie bei einem anscheinend von den himmlischen Göttern gesandten Metall zu erwarten, fertigte man daraus vornehmlich Prunkwaffen und Schmuckstücke für die Herrscher. Auch die Indianer Nordamerikas und die Inuit in Grönland nutzten »himmlisches« Eisen.

Eisen als Zufallsprodukt

Wie die ersten Metallschmelzer auf irdisches Eisen kamen, wissen wir nicht. Aber es gibt eine begründete Vermutung: Offenbar geschah

Mensch und Eisen

▲ Der Hoba-Meteorit, der größte bisher entdeckte Eisenmeteorit. Das tonnenschwere Stück stürzte vor etwa 80 000 Jahren auf die Erde und wurde in Namibia gefunden.

Meteoriten sind von anderen Eisenteilen leicht zu unterscheiden: Beim Anätzen der Schnittfläche mit Säure zeigen sie ein ganz typisches Muster. ▼

das bei der Kupferverhüttung, also dem Erschmelzen von Kupfer aus Kupfererz und Holzkohle in Brennöfen. Die Kupferverhütter hatten wohl entdeckt, dass gewisse braune Steine den Schmelzprozess verbesserten. Tatsächlich unterstützt Eisenerz die Bildung von Schlacke. Und so fanden sich vermutlich bisweilen kleine Mengen metallischen Eisens im erkalteten Ofen. Und sie wurden genutzt: Die ältesten Gegenstände aus eindeutig irdischem Eisen sind rund 4700 Jahre alt.

Vermutlich schmückten sich Herrscher gerne mit diesem grauen Stoff, dem immerhin der Ruf des Göttlichen anhing, und hielten es für wertvoller als Gold. Für findige Schmelzer war das sicher ein Ansporn, den Herstellungsprozess zu verbessern. Immerhin verfügten sie bereits über einige Erfahrungen aus der Kupfer- und Bronzeherstellung: Sie wussten, dass man Erze durch Erhitzen mit Holzkohle in Metalle verwandeln kann. Und sie verfügten über Öfen, die rund 1300 Grad Celsius erreichten – etwa doppelt so viel wie ein normales Herdfeuer.

Das geheime Wissen der Hethiter

Vermutlich waren die vor etwa 4000 Jahren in Anatolien (heutige Türkei) lebenden Hatti das erste Volk, das brauchbares Eisen in großen Mengen erzeugen konnte. Von ihnen übernahmen die später dort lebenden Hethiter die Kenntnisse. Durch die Hethiter wurde Eisen aus einem Luxusgut zu einem wirklichen Gebrauchsmetall. Sie hielten ihr Wissen aber vor allen anderen Völkern geheim und nutzten ihre Spezialkenntnisse, um mithilfe stählerner Waffen und durch regen Handel mit dem wertvollen Metall ein Großreich aufzubauen, das fast das gesamte Gebiet der heutigen Türkei umfasste. Der Thron des hethitischen Großkönigs bestand wie sein Zepter aus Eisen – Zeichen der hohen Wertschätzung des Metalls.

Die Entwicklung der Eisenverhüttung ist eine bemerkenswerte Großtat menschlichen Geistes. Denn wegen der besonderen Eigenschaften des Eisens ist es keineswegs einfach, daraus einen brauchbaren Werkstoff herzustellen. Zwar konnte man Eisenerz an vielen Stellen in einfachen Gruben gewinnen. Aber anders als bei allen anderen Gebrauchsmetallen hängt der Nutzwert eiserner Gegenstände ganz entscheidend vom Wissen und vom Können des Herstellers und Verarbeiters ab.

Anfangs wird die Bronze dem Eisen noch weit überlegen gewesen sein: Sie war härter und zudem billiger. Erst nach und nach, als Ergebnis unzähliger Versuche, holte das Eisen auf – als die hethitischen Schmelzer und Schmiede nämlich herausfanden, wie man

▲ Ein für öffentliche Vorführungen nachgebauter Rennofen in Polen. Mit solchen Öfen wurde jahrtausendelang schmiedbares Eisen hergestellt.

Luppen aus dem Rennofen

Ein Rennfeuer-Ofen ist etwa 1 bis 3 Meter hoch und wurde dort errichtet, wo Holzkohle und gutes Erz zur Verfügung standen. Im unteren Teil besitzt er Öffnungen zur Luftzufuhr. Zunächst füllt man ihn mit trockenem Gras und Holz und zündet es an. Brennt es gut, füllt man nach und nach die »Beschickung« ein: grobkörnige Holzkohle, dann eine Mischung aus kleinen Brocken Eisenerz und weitere Holzkohle. Mithilfe von Blasebälgen treibt man Luft durch den Ofen, facht das Feuer immer stärker an und erreicht so Temperaturen bis zu 1300 Grad Celsius.

Der Schmelzpunkt von reinem Eisen wird also nicht erreicht. Aber schon ab 500 Grad Celsius setzt eine chemische Reaktion ein, die das Eisenerz angreift. Und zwar verbindet sich die glühende Holzkohle mit dem Luftsauerstoff zu

Eisenerz in genügenden Mengen zu schmiedbarem Roheisen verhüttet und wie man daraus härtbaren Stahl herstellt.

Wie sie das machten, wissen wir sehr genau, denn das von ihnen benutzte Verfahren blieb in vielen Teilen der Welt fast 3500 Jahre lang unverändert in Gebrauch: das Rennfeuer.

Längschnitt durch einen Rennofen. Die unten einströmende oder eingeblasene Luft sorgt für die Verbrennung der Holzkohle aus der Füllung. Die in der Hitze ablaufenden chemischen Reaktionen erzeugen aus dem Eisenerz Schlacke und kleine Eisenstückchen, die unten zu einer Luppe zusammenbacken. ▶

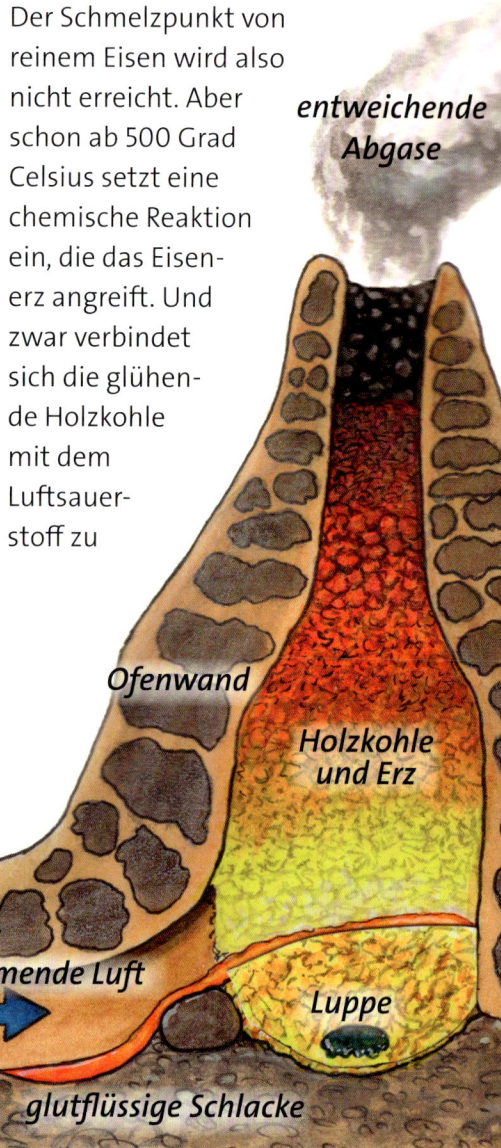

Kohlenmonoxid. Dieses Gas entreißt dem Eisenerz den Sauerstoff und bildet metallisches Eisen. Das Kohlenmonoxid wird dabei zu Kohlendioxid, das oben entweicht.

Besonders intensiv verläuft dieser Vorgang ab 900 Grad Celsius. Außerdem schmelzen bei diesen Hitzegraden Eisenerz, darin enthaltene Verunreinigungen und Asche zu dünnflüssiger Schlacke zusammen. Die entstandenen kleinen Eisenteilchen sinken darin dank ihres höheren Gewichts nach unten, sammeln sich am Grund des Ofens und verbacken dort zu einem Klumpen, der »Luppe«. Die Schlacke schützt das Eisen vor dem Luftsauerstoff, der es sonst gleich wieder verbrennen würde.

Besonders sparsam ist das Rennfeuer-Verfahren freilich nicht. Die Lehmwände strahlen viel Hitze nach außen, zudem wandelt sich ein großer Teil des Eisenerzes nicht in Metall um und geht mit der Schlacke verloren. Damit sich dennoch genügend Metall ansammelt, lässt der Schmelzer zwischendurch einen Teil der Schlacke seitlich ausrinnen — daher der Name Rennfeuer — und füllt von oben her neues Material nach.

Schließlich lässt er den Ofen auskühlen und schlägt die Wand auf, um das Eisen herauszuholen: Viele Rennfeuer-Öfen wurden nur einmal benutzt, dann abgetragen und ein neuer Ofen aufgebaut.

▲ *Ein nachgebauter Rennofen nach römischem Vorbild wird geöffnet und die unverbrannte Holzkohle entnommen. Das Ofeninnere, vor allem Schlacke und Holzkohle, glüht noch.*

◀ *Rennofenluppe (obere angesägt). Sie wurde vor einigen Jahren im Rahmen eines Versuchs von Schülern der Mies van der Rohe-Schule in Aachen hergestellt.*

Blick in einen frisch geöffneten Rennofen. Unter der glühenden Masse liegt die noch zähflüssige, aus Eisenbrei bestehende Luppe. ▼

■ Die frühe Eisengewinnung verbrauchte große Mengen Holzkohle, die durch Verkohlung von dünnen Baumstämmen in solchen Meilern hergestellt wurde.

Probiere es selbst!

Holzkohle herstellen

■ Die Köhler (Holzkohlehersteller) schichteten früher aus Holz große Meiler auf, bedeckten sie mit Erde, um die Luftzufuhr möglichst zu drosseln, und zündeten sie an. Im Laufe einiger Tage verwandelte sich das Holz in Holzkohle und einige Nebenprodukte, die aus Löchern herausdampften. Diesen Vorgang kannst du leicht nachahmen.

■ Wickle einige entrindete, möglichst trockene Zweigstücke sorgfältig in Alu-Folie und lege sie in ein Grillfeuer, oder erhitze sie längere Zeit in einer Gasflamme (mit einer Zange anfassen!). Du kannst auch Holz in einer mit einigen kleinen Löchern versehenen Blechdose einige Stunden lang im Feuer erhitzen, bis sie nicht mehr dampft.

■ Lass die Dose einige Stunden abkühlen, bevor du sie öffnest, weil sich heiße Holzkohle an der Luft entzünden kann.

Gelobt sei, was hart macht

Das Rennfeuer-Verfahren verbraucht zwar viel Erz und Holzkohle, aber es liefert dafür reines, schmiedbares Eisen. Denn einen großen Teil der Verunreinigungen des Erzes nimmt die Schlacke auf. Zudem löst Eisen bei Temperaturen deutlich unterhalb des Schmelzpunktes kaum Kohlenstoff auf, wird also nicht spröde wie Gusseisen.

Die damaligen Schmiede haben die Luppe zunächst mit Meißeln zerkleinert, dann auf Rotglut erhitzt und durch ausdauerndes Hämmern von Schlackenresten gereinigt. Meist schmiedeten sie das Eisen danach zu Stäben aus, aus denen sie dann Waffen und Werkzeuge formten. Sie konnten auch schon glühende Eisenteile miteinander verschweißen.

Auf diese Art hergestellte Werkzeuge hätten ihre Besitzer aber kaum begeistert, denn sie waren wenig härter als Bronze. Die Schmiede der Hethiter aber – und das war ihr wirklich geheimes Wissen – hatten herausgefunden, dass man das Eisen härten kann. Ihr Kniff: Sie legten das Werkstück in einen Tiegel mit Kohlenstaub und erhitzten es viele Stunden oder Tage auf rund 1000 Grad Celsius. Heute nennt man dieses Verfahren »aufkohlen«. Das Eisen nimmt dabei etwa 0,5 Prozent Kohlenstoff auf, und es entsteht ein zäher Stahl.

Und sie hatten noch ein weiteres Geheimverfahren entwickelt, das die Härte ihres Stahls erheblich steigerte. Sie erhitzten das fertig geformte Werkstück kurz auf helle Glut und kühlten es dann rasch ab – etwa durch Eintauchen in Wasser, Lehmbrei, Blut, Öl, Fleisch oder andere Flüssigkeiten; jeder Schmied hatte da seine spezielle Methode und Erfahrungen. Dieses »Abschrecken« steigert die Härte noch einmal mächtig. Freilich macht es den Stahl auch spröder, weil mechanische Spannungen entstehen. Daher erhitzten sie das Werkstück danach noch einmal vorsichtig auf leichte Rotglut – dieses »Anlassen« baut die Spannungen ab und erhöht die Zähigkeit. Abschrecken und Anlassen wird auch heute noch angewendet, man nennt den gesamten Vorgang »Vergüten« des Stahls.

All diese Methoden hatten die frühen Schmiede durch ausdauerndes Herumprobieren und genaue Beobachtungen entwickelt – eine bewundernswerte Leistung, denn sie hatten natürlich keine Ahnung von den komplizierten Abläufen im Eisen, die beim Erhitzen und Abschrecken ablaufen und die auch moderne Metallurgen erst seit einigen Jahrzehnten wirklich verstehen.

Schmiede waren angesehene Leute und hatten in der Antike sogar eigene Götter, etwa den griechischen Schmiedegott Hephaistos – hier beim Herstellen von Waffen für Göttervater Zeus. ▼

Warum lässt sich Stahl härten?

Die Atome in reinem Eisen bilden ein gleichmäßiges Gitter. Man kann es sich vorstellen wie lauter Kugeln, die dreidimensional angeordnet und durch Federn verbunden sind. Drückt man an einer Seite leicht dagegen, verformt es sich, weil die Kugeln ausweichen. Nimmt man den Druck weg, schwingt es zurück – das ist die elastische Verformung eines Metalls.

In Wirklichkeit sind Metalle nicht überall regelmäßig aufgebaut. An manchen Stellen sind einzelne Atomlagen gegen die anderen verschoben. Man nennt solch einen Baufehler im Kristallgitter eine »Versetzung«.

Drückt man kräftig gegen einen Eisenkristall mit Versetzungen, so verrückt man nicht die gesamten Atome, sondern verschiebt Versetzungen. Sie bewegen sich wellenartig durch das Gitter – etwa so, als ob man einen Teppich verschiebt, indem man eine Falte aufwirft und nur diese weiterdrückt. Das erfordert bekanntlich viel weniger Energie als den gesamten Teppich zu bewegen. Daher machen Versetzungen reines Eisen weich und plastisch verformbar.

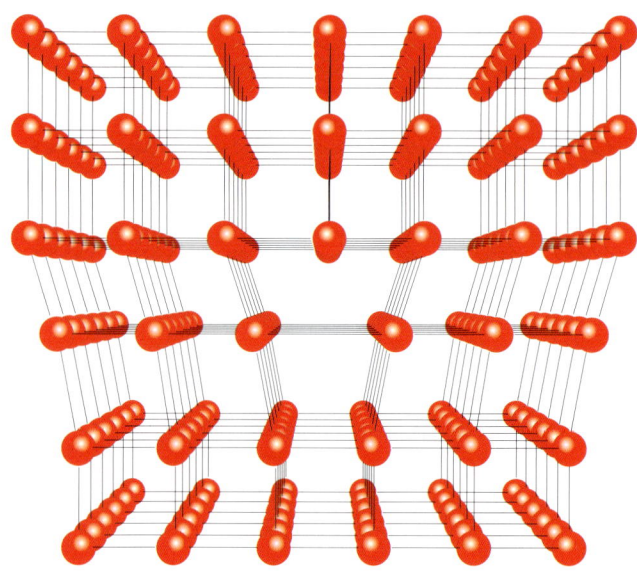

Allerdings gilt das nur, wenn sich die Versetzungen frei bewegen können. Fremde Atome im Kristallgitter, die meist andere Größe als die Eisenatome haben, blockieren ihre Wanderung teilweise. Man muss dann mehr Kraft aufwenden, um das Metall zu verformen. Daher sind Legierungen in aller Regel härter als reine Metalle.

Auch größere Störungen im Metallgitter hindern die Versetzungen am Wandern. Weil die verformenden Kräfte immer neue Versetzungen produzieren, die sich gegenseitig behindern, wird Stahl allein schon durch Hämmern oder Walzen härter.

Ganz besonders viele Baufehler enthält Stahl, der auf eine bestimmte Temperatur erhitzt und dann abgeschreckt wird. Denn Eisen lagert seine Kristallstruktur bei bestimmten Wärmegraden um. Das Abschrecken »überrascht« es dabei – allgemeine Unordnung im Kristallgitter ist die Folge. Sie hindert die Versetzungen massiv an der Bewegung – und eben das macht sich in der großen Härte des abgeschreckten Stahls bemerkbar.

Bei leichtem Erwärmen können die zwischen den Atomen wirkenden Kräfte das Eisenkristallgitter wieder ein bisschen »aufräumen« – daher wird Stahl beim Anlassen wieder etwas zäher.

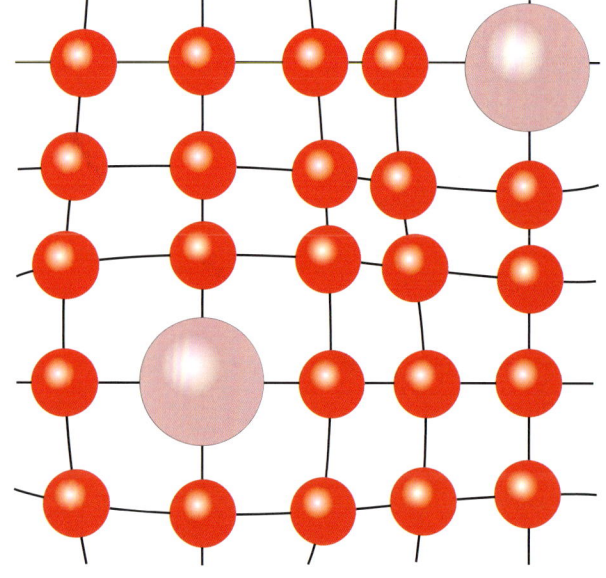

Schmiedetechnik breitet sich aus

Die europäische Bronzezeit endete höchst turbulent, als das Hethiterreich um 1200 v. Chr. unter dem Ansturm fremder Völker zusammenbrach und bald darauf sogar in Vergessenheit geriet. Viele Schmiede werden damals – mehr oder weniger freiwillig – ihre Heimat verlassen und ihr Wissen in andere Länder getragen haben. Jedenfalls finden wir ihre Techniken fortan in vielen Regionen, und langsam verdrängte das Eisen nun immer mehr die Bronze – die Eisenzeit war angebrochen. Eiserne Pflüge, Hacken, Hämmer, Pickel wurden nun auch ärmeren Menschen zugänglich, die sich die teure Bronze nie hätten leisten können.

In Mitteleuropa war vor allem das Volk der Kelten berühmt für seine hochentwickelte Eisenverarbeitung, und die weiter nördlich lebenden Germanen übernahmen ihre Techniken. Wo sich Erze und Wald fanden, erblühte eine rege Eisenindustrie, zum Beispiel in der Steiermark, in der Oberpfalz, im Weichselbogen, im Siegerland und in Schleswig-Holstein.

Eiserne Legionen

In Italien waren die aus Kleinasien eingewanderten Etrusker die ersten Eisenverarbeiter, und von ihnen lernten es die Römer. Sie wurden rasch Eisen-Großverbraucher und nutzten das Metall für Haus- und Schiffbau, Landwirtschaft und vor allem fürs Militär. Eine römische Legion von etwa 6000 Mann brauchte für Waffen, Werkzeuge und Rüstung über 20 Tonnen Stahl!

▲ *Große Mengen Eisen und Stahl flossen schon im Mittelalter in die Produktion von Waffen und Rüstungen. Auf diesem Bild tragen die Ritter Topfhelme, wie sie im 14. Jahrhundert üblich waren, sowie Kettenhemden.*

Hunderttausende von Rennfeuern arbeiteten damals im gesamten Römischen Reich an allen Fundorten von Eisenerzen. Die römischen Waffen waren dank der hohen Schmiedekunst den Waffen ihrer Gegner meist deutlich überlegen; zudem verfügten die Römer dank ihres riesigen Reiches über die hochwertigsten Eisenerze. Besonders Stahl aus Toledo in Spanien war weithin berühmt.

Auch in den Stürmen der Völkerwanderung und beim Zusammenbruch des Römischen Reichs gingen die Kenntnisse der Eisenverhüttung und der Schmiedekunst nicht verloren. Allerdings sank die Zahl der Rennfeuer drastisch. Sie stieg erst langsam im Hochmittelalter wieder an, als die Bevölkerung zunahm, der Handel wieder auflebte und Burgen und Städte aufblühten. Nicht zuletzt die Ritter brauchten guten Stahl für Schwerter und Lanzen, Schilde, Kettenhemden und Rüstungen.

Von der Steinzeit zur Eisenzeit

Ein grobes, aber häufig verwendetes Schema teilt die Frühgeschichte der Menschheit ein nach dem jeweils für Waffen und Werkzeuge verwendeten besten Werkstoff. Auf die Steinzeit mit ihren scharfen Faustkeilen folgte danach die Kupfersteinzeit, die Bronzezeit und dann die Eisenzeit.

Allerdings gilt diese Abfolge längst nicht für alle Kulturen der Erde. Zudem verliefen die Übergänge fließend und zu ganz unterschiedlichen Zeiten. So datiert man den Beginn der Eisenzeit in Kleinasien zum Beispiel um 1200 v. Chr. In Mitteleuropa sowie in China begann sie dagegen erst um 900 bis 600 v. Chr.

Kraft aus dem Wasserrad

Ursprünglich arbeiteten Eisenhütten nur nahe der Erzfundorte, denn so brauchte man das Erz nicht mühsam zu transportieren. Das bedeutete im Mittelalter freilich, dass die Rennöfen hoch im Gebirge standen. Denn die oberflächennahen Erzvorkommen in den Tälern waren damals bereits erschöpft. So musste man mühsam Stollen und Schächte in die Berge treiben, und der umliegende Gebirgswald verschwand nach und nach in den Rennfeuern bei den Stollenmündungen.

Das änderte sich allerdings grundlegend im Hochmittelalter ab etwa 1200. Jetzt zogen die Eisenhütten in die Flusstäler. Der Grund war eine neu erschlossene Energiequelle: die Wasserkraft.

Wasserräder ergänzten fortan die menschliche Arbeitskraft. Sie erlaubten, Eisen wirtschaftlicher, in größeren Mengen und besserer Qualität herzustellen. Die Räder bewegten schwere Hämmer, die Menschen kaum hätten heben können. Sie trieben Pochwerke zum Zerkleinern des Erzes und mächtige, mehrere Meter lange Blasebälge. Später nutzte man ihre Kraft sogar für Aufzüge zum Transport der Füllung an die obere Ofenöffnung, für Maschinen zur Herstellung von Draht sowie zum Antrieb mächtiger Schleifscheiben. Erst Ende des 18. Jahrhunderts ging man zunehmend auf Dampfmaschinen als Kraftquellen über.

Heulende Luftzufuhr

Die Blasebälge erzeugten zwar, wie damalige Schriftsteller beklagten, ein fast unerträgliches Geheul. Aber sie ermöglichten eine deutliche Vergrößerung der Öfen und damit eine kräftige Produktionssteigerung, um die wachsende Nachfrage nach Eisen zu befriedigen. Denn je höher ein Ofen ist, desto mehr Kraft muss die eingeblasene Luft haben, damit sie ihren Weg durch das Füllgemisch bis zur oberen Öffnung findet. Dafür sind höhere Öfen aber auch deutlich sparsamer im Holzverbrauch pro erzeugtem Kilogramm Eisen, weil sie weniger Wärme verschwenden, und sie erreichen höhere Temperaturen. So baute man die Öfen im Laufe der Jahrhunderte immer höher und größer.

Rostfreie Säule

Eine 7 Meter hohe und über 6 Tonnen schwere Säule aus Eisen steht in der indischen Stadt Delhi und zieht täglich Hunderte von Besuchern an. An ihrem ursprünglichen Standort war sie wohl der Schattenzeiger einer gewaltigen Sonnenuhr; sie wurde erst später in Delhi aufgestellt.

Berühmt aber ist sie aus einem anderen Grund: Sie widersteht aus bisher immer noch nicht sicher geklärten Ursachen schon seit rund 1600 Jahren dem Rost.

Das auch als »Säule von Kuttub« bekannte Monument wurde aus reinstem Schmiedeeisen zusammengeschweißt und legt Zeugnis ab von der hohen Kunst der indischen Eisen-Experten. Schon vor über 1000 Jahren war die indische Eisenverarbeitung der damaligen europäischen weit überlegen.

Stücköfen und Floßöfen

Die größeren Ofen lieferten zunächst größere Luppen. Statt etwa 8 Kilogramm Eisen entstanden nun Brocken von rund 100 Kilogramm. Man nannte die Brocken »Stücke« und die Öfen bezeichnete man als »Stücköfen«. Die Stücke bestanden aber immer noch aus schmiedbarem Stahl. Das änderte sich, als man die Öfen noch höher baute. Diese nun viele Meter hohen »Floßöfen« (floß von »fließen«) erreichten noch höhere Temperaturen und lieferten flüssiges Eisen, das man ebenso wie die Schlacke seitlich auslaufen und zu Barren (»Flossen«) erstarren lassen konnte.

▲ Wasserrad des Hammerwerks am Blautopf in Süddeutschland. Die Nutzung der Wasserkraft brachte erhebliche Verbesserungen bei der Eisenproduktion.

◀ Stückofen im 17. Jahrhundert, ein Bild aus dem Buch »Über Metalle« des berühmten Wissenschaftlers Georg Agricola.

▲ *Holzkohle-Hochofen im frühen 17. Jahrhundert, gemalt von Jan Brueghel d. Ä. So romantisch das Bild wirkt – die Arbeit in solchen Betrieben war mühsam und nicht ungefährlich.*

Die um 1700 gegossene Ofenplatte »Ora et labora« zeigt rechts unten einen frühen Hochofen, links unten ein Hammerwerk. ▶

Die Floßöfen waren die direkten Vorläufer der noch höheren Hochöfen. Diese Entwicklung stellte einen gewaltigen Fortschritt in der Eisenverhüttung dar. Erstens produzieren Floß- und Hochöfen flüssiges Eisen. Zweitens nutzen sie das Erz weit besser als Rennfeuer: Ihre Schlacke ist eisenarm, das Erz wird fast vollständig zu Metall. Und schließlich können sie jahrelang pausenlos arbeiten. In regelmäßigen Abständen füllt man durch die obere Öffnung, die »Gicht«, neues Beschickungsmaterial ein und zieht unten flüssige Schlacke und flüssiges Eisen ab.

Die Massenproduktion dank der Floß- und Hochöfen senkte den Preis des Eisens und machte es für zahlreiche alltägliche Anwendungen erschwinglich. So konnte man etwa Töpfe, Säulen, Öfen, Herde, Sielabdeckungen, Kamin- und Ofenplatten und Teile für Geräte, Maschinen oder Brücken bequem herstellen, indem man das flüssige Eisen einfach in entsprechende Formen rinnen ließ. Besonders hohen Bedarf hatte das Militär: Sie brauchten Kanonen und Kanonenkugeln aus solchem Gusseisen.

Stahl durch Frischen

Freilich ist Gusseisen nicht schmiedbar. Man kann es weder hämmern noch walzen, weder schleifen noch feilen, meißeln oder auf einer Drehbank bearbeiten. Denn das flüssige Eisen nimmt im Hochofen bis zu 5 Prozent Kohlenstoff sowie andere störende Stoffe aus dem Erz auf und wird hart und spröde. Um daraus schmiedbaren Stahl zu erzeugen, half man sich anfangs mit einem weiteren Verfahrensschritt, dem »Frischen«.

Das Gusseisen wurde in großen feuerfesten Tiegeln, gemischt mit Eisenschlacke und Eisenerzen, noch einmal aufgeschmolzen und dabei kräftig mit frischer Luft (daher der Name) angeblasen. Der Luftsauerstoff verbrannte dabei einen Teil des Kohlenstoffs sowie weitere störende Verunreinigungen, andere wanderten in die Schlacke. Nicht selten brauchte es freilich mehrere dieser Arbeitsgänge, um brauchbaren Stahl zu erzeugen.

Besonders aufwendig war die Herstellung von besonders weichem Eisen (in manchen Gebieten Osemund genannt), das man aus mehrfach gefrischtem Gusseisen durch Ausschmieden unter Rotglut gewann. Aber nur dieses weiche Eisen ließ sich mit den damaligen Mitteln zu Draht ausziehen oder zu Blechen auswalzen.

Vom Ende des Mittelalters bis ins 19. Jahrhundert betrieb man beide Techniken parallel: Je nach gewünschtem Produkt nutzte man entweder einen Stückofen oder einen Floß- bzw. Hochofen.

Koks statt Holz

Nicht selten war die Not der Auslöser für technische Fortschritte. So auch beim Eisen: Die Massenproduktion führte schließlich zu Holzmangel, besonders im hochindustrialisierten England. Immerhin brauchte man damals etwa 130 Kilogramm Holz, um ein Kilogramm Eisen zu erzeugen. Häusern und Fabriken heizte man nun zunehmend mit Steinkohle. Aber für Hochöfen erwies sie sich als ungeeignet: Ihre Inhaltsstoffe, vor allem ihr Schwefelgehalt, machten das Roheisen unbrauchbar.

Eine Lösung für dieses Problem entwickelte der englische Eisenfabrikant Abraham Darby. Er ersetzte die Holzkohle durch Koks, also entgaste Kohle mit deutlich weniger Inhaltsstoffen. 1709 arbeitete sein erster Koks-Hochofen, wenige Jahrzehnte später war das Verfahren in vielen Ländern eingeführt.

Zum Frischen freilich blieb man zunächst auf Holzkohle angewiesen, denn selbst Koks hätte den Stahl verdorben. Aber 1784 fand ein anderer Unternehmer, der Eisenhersteller Henry Cort, auch für diese Schwierigkeit eine Lösung: das Puddelverfahren. Es gilt als Beginn der modernen Stahlherstellung.

Cort entwickelte einen mit Kohle befeuerten Spezialofen. In einer Kammer brannte ein Kohlenfeuer und heizte eine Schmelzpfanne für Roheisen und schlackenbildende Zusatzstoffe. Dank

▲ Die Laura-Hütte in Oberschlesien war im 19. Jahrhundert eines der bedeutendsten Eisenwerke Preußens mit mehreren Hochöfen, einem Walzwerk und weiteren Betrieben.

◄ Die Iron Bridge in England wurde 1779 erbaut und ist die älteste gusseiserne Bogenbrücke der Erde. Sie führt mit 30 Metern Spannweite über den Fluss Severn. Zusammengesetzt ist sie aus mehr als 1700 Einzelteilen.

▲ *Stahlerzeugung im Puddelofen um 1850. Das Rühren der Schmelze war eine extrem mühsame und gefährliche Handarbeit in Hitze und Staub.*

Stahl aus der Birne

Es dauerte etwa einen Tag, eine Ladung Eisen mittels Puddelverfahren in Stahl zu verwandeln. Weit rascher arbeitete ein Verfahren, das der englische Industrielle Henry Bessemer 1855 einführte.

Er hatte festgestellt, dass man keineswegs heiße Verbrennungsgase in die Eisenschmelze leiten muss: Kalte Luft tut es ebenso. Zur Überraschung der Experten kühlte sie die Schmelze nicht ab, sondern erhitzte sie sogar noch.

dieser Trennung kommt das geschmolzene Eisen nicht mit der Kohle in Berührung. Nur die heißen, noch Sauerstoff enthaltenden Verbrennungsgase streichen über das Schmelzbad. Der Sauerstoff verbrennt einen Teil des im Eisen gelösten Kohlenstoffs, so dass kohlenstoffarmer Stahl entsteht.

Damit Eisen und Sauerstoff ausgiebig in Berührung kommen, müssen freilich Arbeiter die Schmelze ständig umrühren (engl. to puddle) – eine mühsame und gefährliche Arbeit. Immerhin galt Puddelstahl als besonders widerstandsfähig gegen Korrosion. Die britische Marine sowie Brückenbauer in aller Welt bevorzugten ihn daher. Auch der 1889 errichtete Eiffelturm besteht aus 10 000 Tonnen Puddelstahl.

Denn die Verbrennung des im Eisen enthaltenen Kohlenstoffs liefert genügend Wärme.

Bessemer konstruierte daraufhin einen speziellen Konverter zur Umwandlung des Roheisens mit eingeblasener Luft – ein großes, mit feuerfesten Steinen ausgekleidetes Stahlgefäß mit großer Hauptöffnung und zahlreichen Bodendüsen für die eingeblasene Luft. Wegen seiner Form wird es als »Bessemer-Birne« bezeichnet.

▲ *Henry Bessemer*

Innerhalb von nur 20 Minuten verwandelte die Bessemer-Birne 20 Tonnen Roheisen in Stahl. Dennoch hatte Bessemer anfangs wenig Erfolg, weil dieser Stahl oft spröde und brüchig war. Es dauerte einige Zeit, bis man die Ursache erkannte: das meist verwendete Erz und damit das Roheisen enthielt Phosphor. Diese Beimischung verschlechtert den Stahl massiv. Beim Puddelverfahren nahm die kalkhaltige Schlacke den Phosphor auf, aber als Bessemer seiner Schmelze Kalk zumischte, löste sich die feuerfeste Auskleidung auf. Das Bessemer-Verfahren blieb daher auf die selteneren phosphorarmen Erze beschränkt.

Eisenwalzwerk in der oberschlesischen Königshütte um 1875. Arbeiter führen auf diesem Gemälde ein glühendes Eisenstück in die erste Walze des Walzenstrangs ein, um daraus eine Eisenbahnschiene herzustellen. ▼

▲ *Stahlerzeugung Mitte des 19. Jahrhunderts mithilfe der Bessemerbirne*
▼ *Sidney Gilchrist Thomas*

Viele Jahre lang suchten nun zahlreiche Forscher nach Wegen, das Bessemer-Verfahren so zu verbessern, dass es sich auch für phosphorhaltige Erze eignete. Erfolg hatten schließlich die Chemiker Sidney Gilchrist Thomas und Percy Carlyle Gilchrist. Und zwar mit einer vergleichsweise simplen Methode: Sie kleideten ihren Konverter mit kalkähnlichem Dolomitstein aus. Nun konnten sie gefahrlos der Schmelze Kalk zusetzen und den Phosphor chemisch binden, weil Kalk den Dolomit nicht angreift. Die dabei entstehende phosphorhaltige Schlacke erwies sich zudem, zu »Thomasmehl« zermahlen, als begehrter Dünger: Phosphor ist ein wichtiger Pflanzennährstoff.

Erst die Thomas-Birne lieferte ab etwa 1880 guten Stahl in großen Mengen aus Eisenerz jeder Qualität. Von nun an wurde Thomas-Stahl zu einem Massenprodukt. Er war die meistverwendete Stahlsorte, bis um 1970 modernere Methoden das Thomas-Verfahren ablösten.

China war früher dran

In zahllosen Gebieten der Technik und Wissenschaft war China dem Westen um viele Jahrhunderte voraus, und ganz besonders gilt dies für die Herstellung und Verarbeitung von Eisen und Stahl. Schon um die Zeitenwende hatte das Land einen Stand der Eisenverhüttung, den Europa erst im 18. Jahrhundert erreichte.

Im Vergleich zum Nahen Osten setzte die Eisenverarbeitung in China relativ spät ein, wahrscheinlich um 600 v. Chr. Aber schon damals hatten die Chinesen also Öfen erfunden, in denen sie mithilfe wirksamer Blasebälge Gusseisen erzeugen konnten. Das belegt eine alte Urkunde, wonach ein chinesischer Herrscher um 511 v. Chr. eine Abgabe von Eisen für den Guss dreifüßiger Kessel erhob. In Europa erfand man die Gusseisenproduktion erst rund 2000 Jahre später.

Gusseiserne Gefäße, Gebrauchsgegenstände und Werkzeuge wurden in China schon zu jener Zeit in großen Mengen hergestellt und waren vergleichsweise weit verbreitet. Zudem entwickelten chinesische Eisenarbeiter um 300 v. Chr. Methoden, um die Eigenschaften des Gusseisens durch Glühen deutlich zu verbessern, es härter und zäher zu machen. Um 31 n. Chr. entstanden erste mit Wasserkraft angetriebene Blasebälge, und auch danach wurden die Öfen und Zusatzeinrichtungen ständig verbessert.

Selbst als Baumaterial diente Gusseisen sehr früh, etwa für Pfeiler von Kettenbrücken, riesige Wasserbecken, Glocken und Standbilder. Angeblich entstand schon vor über tausend Jahren eine 20 Meter hohe Buddha-Figur aus Gusseisen, die allerdings nicht mehr vorhanden ist. Aber noch heute steht in Dangyang in der Provinz Hubei eine dreizehnstöckige, fast 18 Meter hohe Gusseisen-Pagode aus dem Jahr 1061, die gut 38 Tonnen wiegt. Die Stockwerke waren einzeln gegossen und dann aufeinander gesetzt worden.

Zu jener Zeit produzierte China aber auch riesige Mengen Stahl – bereits so viel wie England zu Beginn der Industrialisierung, also 700 Jahre später. Wahrscheinlich um 300 v. Chr. hatten chinesische Eisenschmelzer entdeckt, wie sie durch mehrfaches Glühen an der Luft das Gusseisen verbessern konnten – sie hatten durch Verringern des Kohlenstoffgehalts Stahl erzeugt. Und schon bald konnten sie Geräte und Waffen herstellen, die an bestimmten Stellen härter, an anderen zäher und weniger spröde waren.

Auch das Frischen des geschmolzenen Roheisens durch eingeblasene Luft war in China seit mindestens 200 v. Chr. in Gebrauch, und bald darauf erfanden chinesische Metallschmelzer auch das Puddeln.

»Hundertfach geschmiedeter Stahl« war vor etwa 1500 Jahren ein berühmtes Qualitätserzeugnis aus China: Stahl, der durch vielfaches Erhitzen und Schmieden immer reiner, gleichmäßiger und fester gemacht wurde. Später wurde er ergänzt durch die Methode des Gärbens. Dazu schmolz oder schmiedete man Guss- und Weicheisen zusammen, wobei sauerstoffhaltige Verbindungen im Weicheisen den Kohlenstoffgehalt des Gusseisens senkten, so dass ein harter Stahl entstand. Es gab dafür zahlreiche unterschiedliche Verfahren, und einige der so entstandenen und in Fett und Urin abgeschreckten Schwerter konnten angeblich 30 Panzerrüstungen durchschneiden. Bis um das Jahr 1750 war der chinesische Stahl allen sonst auf der Erde erzeugten Stählen überlegen.

Bis heute hat Stahl in China große Bedeutung. Das Land hält inzwischen mit weitem Abstand den Rekord in der Stahlproduktion: Es erzeugt fast die Hälfte allen weltweit erzeugten Stahls und damit rund achtmal so viel wie die USA.

■ *Der Oriental Pearl Tower in Shanghai besteht aus Stahlbeton und ist mit 468 Metern der dritthöchste Fernsehturm Asiens.*

■ *Die gusseiserne Pagode von Dangyang in der chinesischen Provinz Hubei wurde 1061 errichtet.*

▲ *Der Sage nach hatte der römische Schmiedegott Vulcanus seine Werkstatt in den Tiefen des Vulkans Ätna. Dort fertigte er zusammen mit seinen einäugigen Helfern, den Zyklopen, die Waffen der Götter an.*

Geheime Tricks der Schmiede

Die Menschen früherer Zeiten hatten zu den Schmieden ein zwiespältiges Verhältnis. Einerseits waren sie hoch angesehen, beherrschten sie doch Feuer und Eisenglut und schufen in Rauch und Funken hochbegehrte stählerne Wunder wie zum Beispiel unzerbrechliche Schwerter. Auf der anderen Seite waren sie gerade deshalb den Menschen unheimlich, weshalb die Sage ihnen meist schlechten Charakter, Hässlichkeit und körperliche Gebrechen zuschreibt.

Auch die wohl berühmtesten Schmiede werden als lahm und hinkend dargestellt: der griechische Feuergott Hephaistos (die Römer nannten ihn Vulcanus), der im Innern eines Vulkans die Wunderwaffen der Götter und Helden schmiedet, und den Schmied Wieland aus der germanischen Sage. Er konnte angeblich superscharfe Schwerter herstellen: Sie zerschnitten sogar Wollflocken, die im Bach gegen die Schneide trieben.

Das war eine hochgeachtete Kunst, denn die mittelalterlichen Könige und Ritter schätzten ihre Schwerter so sehr, dass sie ihnen sogar Namen gaben.

Tatsächlich arbeiteten manche Schmiede mit erstaunlichen Geheimtricks und erzeugten so Gegenstände höchster und viel bewunderter Qualität. Erst heute verstehen wir, warum diese Tricks funktionierten.

So sollen keltische Schmiede das Roheisen zunächst jahrelang vergraben haben, damit das »Schwache« wegrostete. Tatsächlich waren die damaligen Roheisenklumpen nicht homogen, sondern aus Eisen mit unterschiedlichem Kohlenstoffgehalt zusammengebacken. Weiches, kohlenstoffarmes Eisen rostet leichter, so dass nach längerer Erdbestattung wohl tatsächlich der bessere und widerstandsfähigere Stahl übrig blieb.

Vom Schmied Wieland heißt es, er habe guten Stahl in kleinste Teile zerhackt und Gänsen gefüttert, dann die Ausscheidungen gesammelt und neu verarbeitet – und dieses seltsame Verfahren auch noch mehrfach wiederholt. Auch hier horchen moderne Metallfachleute auf, denn bestimmte chemische Umsetzungen, etwa die oberflächliche Anreicherung mit härtendem Stickstoff im Gänsekot, könnten in der Tat den Stahl verbessert haben.

Das Eisen für Schwerter und Messer muss gleichzeitig zäh und hart, darf aber nicht spröde sein. Kelten, Wikinger, mittelalterliche und japanische Schmiede hatten für diese sich eigentlich widersprechenden Anforderungen eine arbeitsaufwendige, aber wirksame Lösung gefunden: Sie kombinierten zähen Stahl und hartes kohlenstoffreicheres Eisen miteinander, indem sie zahlreiche dünne Lagen der verschiedenen Eisensorten zuerst zu Stangen verschmiedeten und sie dann mehrere Male wieder umschmiedeten, um eine gründliche Vermischung zu erzielen. Man nennt dieses Verfahren »gärben« und das Produkt Damaszenerstahl. Ein besonderes Ätzverfahren hebt die Lagenstruktur der Klingen hervor, die selbst heute noch als besonderes Qualitätsmerkmal gilt.

▲ *Damaszenerklingen sind aus verschiedenen Stahlsorten zusammengeschmiedet und zeigen daher ein typisches Streifenmuster.*

Der Schmiedegott Hephaistos überreicht Waffen, die für den Sagenhelden Achilleus bestimmt sind – ein griechisches Vasenbild um 500 v. Chr. ▼

▲ *Mithilfe gewaltiger Bagger und Muldenkipper wird das Erz abtransportiert.*

Vom Erz zum Eisen

Wie unverzichtbar Eisen und Stahl für unser modernes Leben sind, zeigt nicht nur ihre Allgegenwart im Alltag, das belegen auch die Produktionszahlen. Pro Jahr wird doppelt so viel Stahl wie Weizen produziert, rund 1300 Millionen Tonnen! Und noch weit größer ist die Menge an Eisenerz, die dazu jährlich aus dem Boden gegraben werden muss: über 2300 Millionen Tonnen! Am Fundort wird das Eisenerz längst nicht mehr verhüttet. Heute muss es dazu einen weiten Weg zurücklegen. In Europa gibt es nur noch wenige Länder mit nennenswerter Eisenerzförderung. Berühmt ist das Erzbergwerk im schwedischen Kiruna. Es fördert ein besonders hochwertiges Eisenerz, weshalb sich der Abbau mit modernsten Methoden und weitgehend automatisiert auch in über 1000 Metern Tiefe noch lohnt. Der schwedische Stahl hat seit langem einen besonders guten Ruf, weshalb man auch gerne Gefängnisgitter daraus fertigte – die berühmten »schwedischen Gardinen«.

◀ *Ein Kugellager – nur eines der vielen kleinen, aber notwendigen Dinge aus Stahl.*

Erz auf langen Wegen

Die weitaus größten Eisenerzmengen kommen heute aus Übersee. Hauptförderländer sind Brasilien und Australien sowie China, das aber sein Eisenerz vor allem selbst verarbeitet. Obwohl das Erz also in Frachtern Tausende von Kilometer nach Europa, Japan oder in die USA reist, ist es vergleichsweise billig. Denn in beiden Ländern werden rotbraune Bändereisenerze im Tagebau gewonnen – und damit weit günstiger als in Untertage-Bergwerken.

Eisenprovinz in Australien

In Australien ist vor allem die Pilbara-Region im Westen des Kontinents berühmt. Sie birgt mindestens 30 Milliarden Tonnen Erz auf einer Fläche doppelt so groß wie die Schweiz. Das reicht beim jetzigen Abbautempo noch für einige Jahrhunderte. Mehrere Bergbaukonzerne haben sich die Fläche aufgeteilt. Die Maßstäbe, nach denen hier gearbeitet wird, sind fast unvorstellbar. Der Erzabbau hat gigantische Gruben von mehreren Kilometern Länge und Breite geschaffen, der Fläche einer Kleinstadt.

Jede Sprengung bricht mehrere hunderttausend Tonnen Gestein auf. Haushohe Bagger mit Schaufeln aus hochverschleißfestem Stahl nehmen das Erz auf, stählerne Brecher zerkleinern es, und Förderbänder transpor-

Zwischenlager für Eisenerz in der westaustralischen Pilbara-Provinz. Immerhin werden hier jährlich weit über 200 Millionen Tonnen Eisenerz abgebaut und verschifft. Sie würden einen Güterzug füllen, der um den halben Erdumfang reicht. ▶

tieren sie zu den gewaltigen Aufbereitungsanlagen. Hier zerkleinern Backenbrecher mit mächtigen Balken aus superhartem Stahl die größeren Stücke, und Mühlen zermahlen es dann zwischen stählernen Kugeln zu Pulver.

Das ist nötig, um das Erz soweit wie möglich von Fremdgestein (»Gangart«) zu befreien. Angesichts der langen Transportwege nach Europa, Japan, China oder die USA will man natürlich möglichst wenig taubes Gestein mitschleppen. Schließlich bringen Güterzüge mit jeweils über 200 Waggons das Erz zu den Häfen an der Küste – tagtäglich mehrere hunderttausend Tonnen!

■ *Der Erzabbau verwandelt weite Landstriche in eine Stufenlandschaft. Die Stufen dienen dazu, das Erz abzutransportieren. Meist wird gleichzeitig an vielen Stellen gearbeitet, um die tägliche Fördermenge zu steigern.*

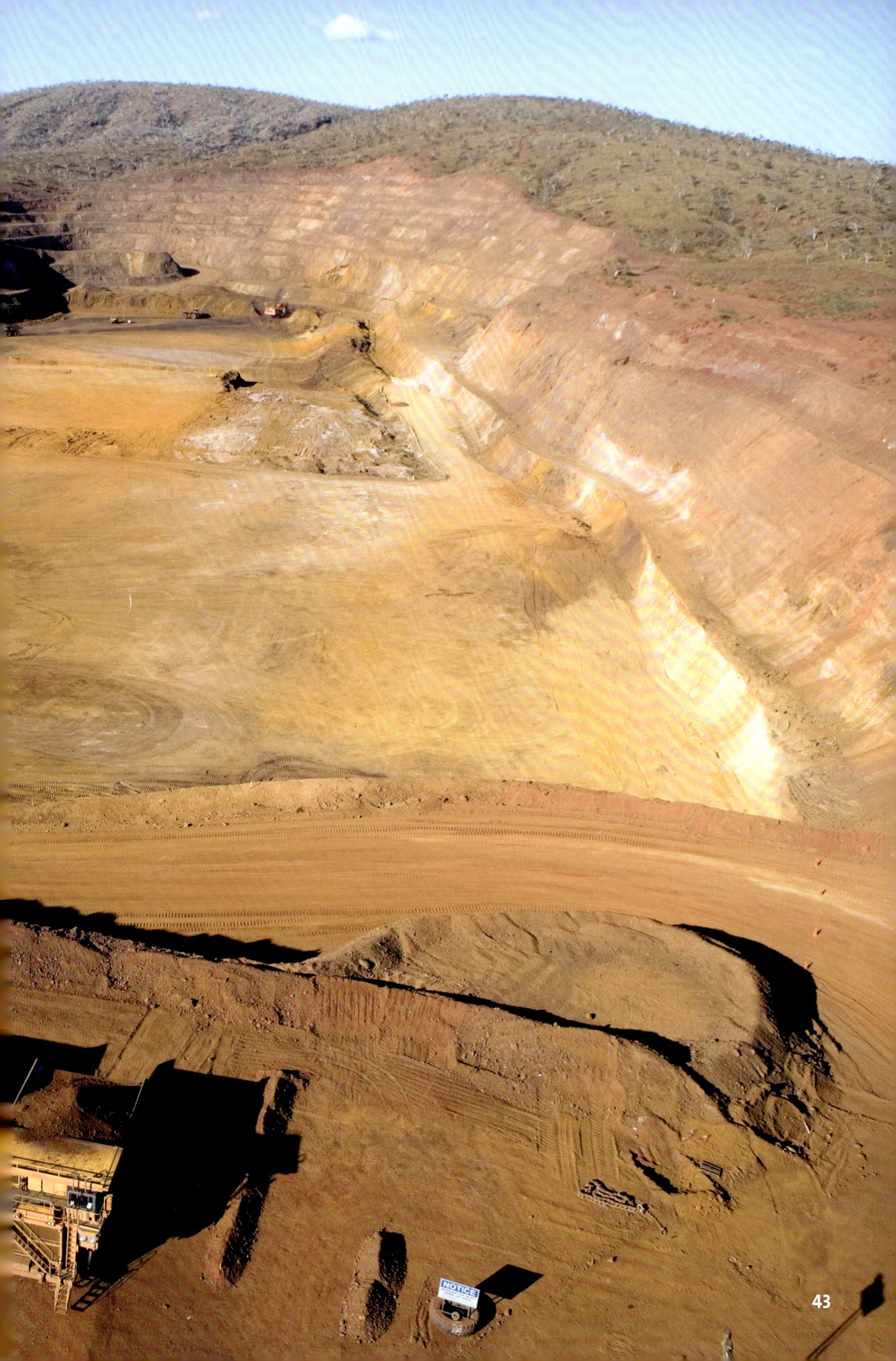
NOTICE

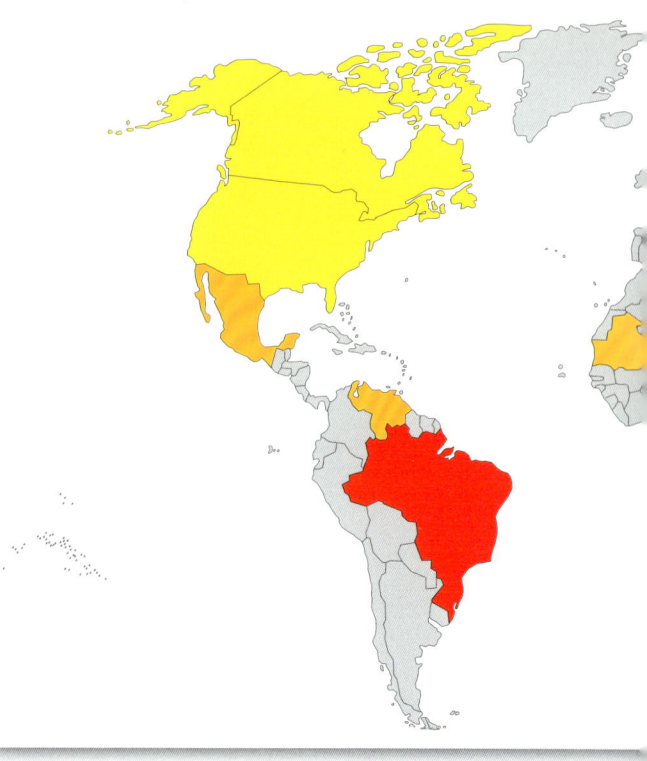

▲ Güterzüge von jeweils rund 2000 Metern Länge bringen das Eisenerz aus dem Landesinnern zu einem Hafen, wo es in gewaltige Erzfrachter verladen wird.

▲ Die wichtigsten Eisenerz-Förderländer der Erde (Stand 2008). Die fünf größten (hier rot) sind China, Australien, Brasilien, Indien und Russland. Kleinere Mengen (orange) fördern die Ukraine, Südafrika, Kanada, Schweden und USA. Deutlich geringer sind die Fördermengen in den gelb gezeichneten Ländern Venezuela, Iran, Kasachstan, Mexiko und Mauretanien. Allerdings schwanken die Zahlen stark von Jahr zu Jahr.

▲ Erzfrachter bei der Entladung. Sie bringen Erze, die aus verschiedenen Abbaugebieten stammen und sich durch chemische Zusammensetzung, Farbe und Eisengehalt unterscheiden.

Trennung von taubem Gestein

Zum Reinigen des Erzes nutzt man verschiedene Verfahren. So gibt man es zum Beispiel beim sogenannten Waschen in bestimmte Flüssigkeiten, wo sich die Erzteilchen dank ihrer höheren Dichte von anderem Gestein trennen. Eine weitere Methode ist das Flotationsverfahren: Man schüttet das Pulver in eine wässrige Lösung und setzt bestimmte Zusatzstoffe dazu. Sie machen nur die Erzteilchen wasserabstoßend. Lässt man nun Luft in feinsten Bläschen hindurch sprudeln, lagert sich der Erzstaub an die Schaumblasen an und kann von der Oberfläche abgeschöpft werden. Magnetische Eisenerze lassen sich natürlich besonders gut mit Magneten konzentrieren. All diese Methoden verdoppeln ungefähr den Eisengehalt im Pulver.

Für Hochöfen freilich ist Eisenerz in Pulverform unbrauchbar – es würde den Gasstrom behindern. Daher wird das Erz meist zu festen Kugeln verarbeitet, sogenannten Pellets: Man vermischt es mit Wasser und Zusatzstoffen, rollt es in großen Trommeln zu Bällen von etwa ein Zentimeter Größe und »backt« sie in einem Brennofen. Das geschieht in der Regel nahe der Förderstätten, aber auch manche Eisenhütten besitzen Pelletierwerke.

Sorgfältige Erz-Vorbehandlung

Die Umwandlung des Eisenerzes, die Verhüttung, findet im Hüttenwerk statt. Dessen Herz ist der Hochofen. Er muss, um gut zu arbeiten, mit sorgfältig vorbereitetem Material beschickt werden. Man mischt daher zunächst in weiträumigen Mischbetten die aus verschiedenen Weltteilen angelieferten Erze, um eine gleichmäßige Qualität zu erhalten, denn die verschiedenen Eisenerzsorten unterscheiden sich deutlich im Eisengehalt sowie in der Gangart.

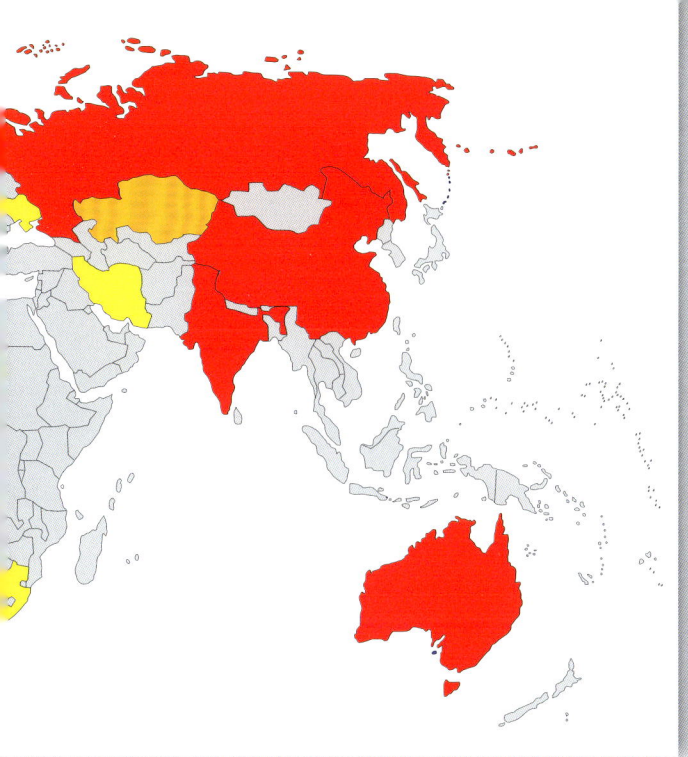

Nicht immer kommt das Erz in Pellets. Dann muss es vorbehandelt werden: Zu grobe Brocken werden zerkleinert, pulveriges Erz dagegen muss stückig gemacht werden. Das geschieht durch Sintern.

Dazu wird das Erz zunächst mit Brennstoff und Zusatzstoffen (Zuschlägen) vermischt. Die Art dieser Zuschläge hängt vom jeweiligen Erz und seiner Gangart ab – zum Beispiel setzt man gemahlenen Kalkstein oder Feldspat zu. Im Hochofen erzeugen sie die Schlacke, die einen großen Teil der unerwünschten Stoffe aufnimmt. Auch staubige Restmengen von Erz, die im Hüttenwerk anfallen, kann man beimischen. Die Mischung aus Erz, Brennstoff und Zuschlägen heißt in der Hüttensprache Möller.

◀ *Mit solchen Pellets aus Eisenerz und Zuschlägen wird der Hochofen befüllt.*

Probiere es selbst!

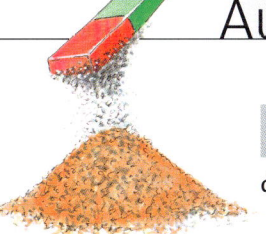

Auftrennung

1 Mische Sand und Eisenpulver. Mit einem Magneten kannst du nun die Bestandteile dieser Mischung leicht trennen.

2 Du kannst diese Mischung auch mit Wasser auftrennen. Rühre sie mit Wasser auf und gieße nach einigen Sekunden das Wasser ab. Das Eisen bleibt im Glas zurück, weil es sich dank seiner hohen Dichte viel rascher absetzt als der Sand.

3 Auch etwa gleich dichte Materialien lassen sich mit Wasser trennen. Mische Sand gründlich mit Mehl und gib die Mischung in ein Glas. Fülle es mit Wasser, rühre um und gieße das Wasser nach einigen Sekunden ab, wenn sich der Sand abgesetzt hat. Wiederhole den Vorgang mehrfach, und du hast fast reinen Sand. Tropfst du zum Wasser etwas Geschirrspülmittel, funktioniert die Trennung noch besser. In diesem Versuch setzen sich die groben Sandkörner rascher ab als das Mehlpuder.

▲ *In der Sinteranlage wird die Mischung aus Eisenerz, Zuschlägen und Brennstoff bei hoher Temperatur zusammengesintert.*

Dieser Möller nun wandert auf einem Förderband in einen Sinterofen. Die Hitze dort sintert (backt) die Brocken teilweise zusammen. Eine Brechanlage zerkleinert grob das gesinterte Gut, und eine Siebanlage »klassiert« es – sie trennt es in etwa gleich große Stücke auf. Zu kleine Reststücke wandern erneut in den Sinterofen.

Brennstoffversorgung mit Koks

Ein Hochofen braucht natürlich Brennstoff, um die nötige Hitze zu erzeugen. Üblicherweise nutzt man dafür Koks. Dieser Brennstoff ist relativ billig, zudem erfüllt er noch zwei weitere wichtige Aufgaben: Er reduziert das Erz, bindet also dessen Sauerstoffanteil, so dass metallisches Eisen entsteht. Die Koksbrocken, die auch in großer Hitze nur langsam verbrennen, sorgen zudem dafür, dass die Verbrennungsgase gut durch die Ofenfüllung aufsteigen und flüssige Schlacke und Roheisen nach unten fließen können. Immerhin ist die Füllung bei modernen Hochöfen viele Dutzend Meter hoch!

Der nötige Koks muss freilich zunächst aus Steinkohle hergestellt werden. Die Kohle selbst eignet sich nicht für den Hochofenbetrieb: Sie würde zusammenbacken und gibt zudem eine Menge störender Gase ab, die das Roheisen massiv verschlechtern. In Deutschland wird die zur Koksbereitung dienende Steinkohle ebenso wie das Erz aus Übersee importiert – die heimische Kohle wäre viel zu teuer.

Die Kokerei erhitzt die Kohle in großen Öfen unter Luftabschluss auf Temperaturen um 900 bis 1200 Grad Celsius. Während der Umwandlung zu Koks setzt sie große Mengen brennbarer Gase frei. Sie enthalten zahlreiche Chemikalien, die abgetrennt werden und in der Chemieindustrie als wertvolle Rohstoffe geschätzt sind. Das

▲ Das Kokslager der ThyssenKrupp. Der durch Entgasen von Kohle gewonnene Koks ist für die Roheisengewinnung im Hochofen unverzichtbar.

Restgas nutzte man früher als Leuchtgas, heute als Heizgas bei der Verhüttung.

Der Verkokungsvorgang dauert fast 20 Stunden. Anschließend wird der glühende Koks mit Ausdrückmaschinen hinausbefördert und rasch in einen Löschturm gefahren. Dort prasselt ein Schwall Wasser auf ihn nieder und kühlt ihn ab. Für Besucher ist dieser Vorgang unübersehbar: Unter lautem Zischen steigt für einige Minuten eine riesige weiße Wolke aus Wasserdampf über dem Löschturm empor. Der gekühlte Koks wird dann gesiebt und zum Hochofen gefahren.

Wenn der glühendheiße Koks mit Wasser abgelöscht wird, steigt eine eindrucksvolle Wolke aus Wasserdampf in den Himmel – mehrmals am Tag. ▶

Hochofen

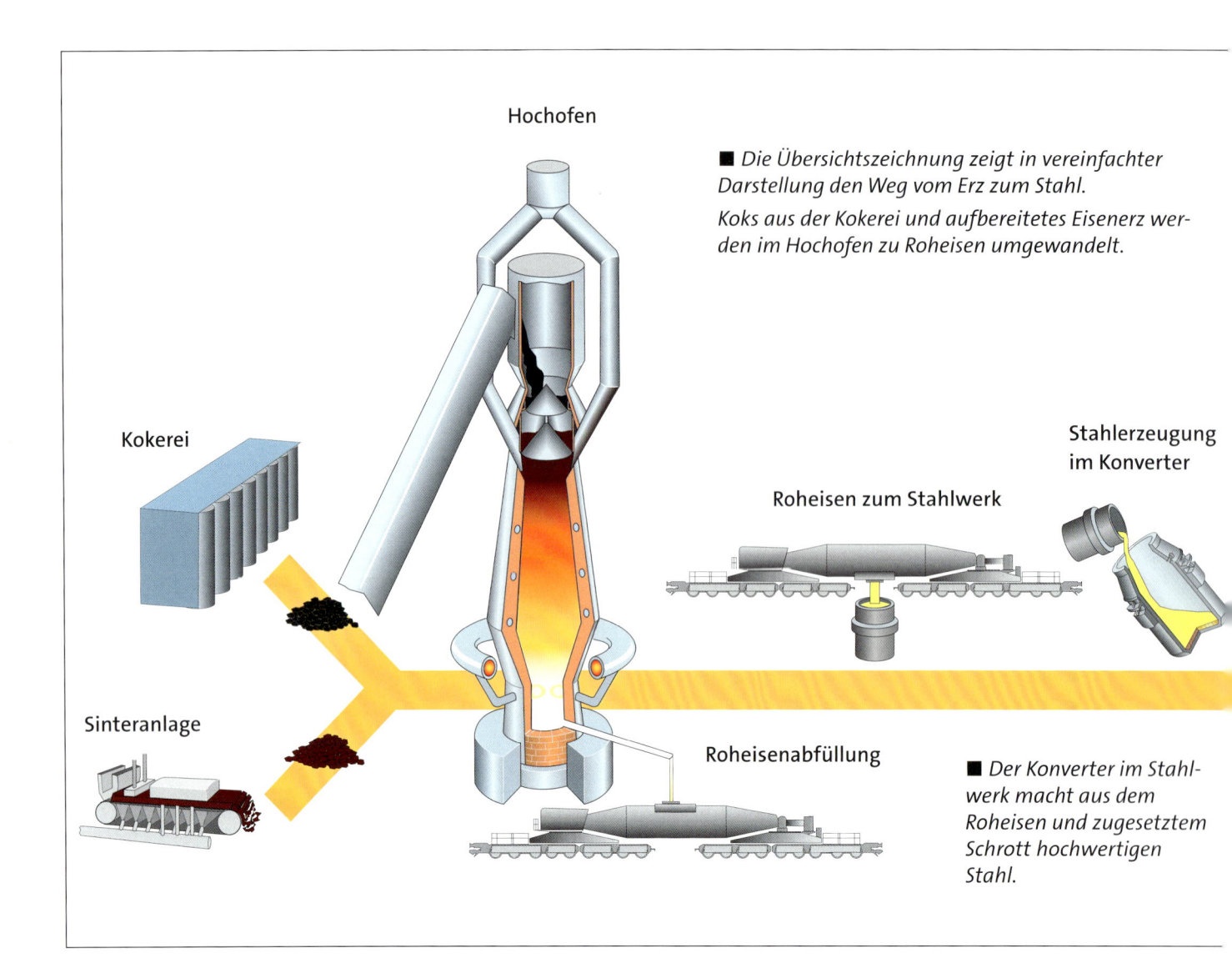

Kokerei

Sinteranlage

Roheisen zum Stahlwerk

Stahlerzeugung im Konverter

Roheisenabfüllung

■ Die Übersichtszeichnung zeigt in vereinfachter Darstellung den Weg vom Erz zum Stahl.

Koks aus der Kokerei und aufbereitetes Eisenerz werden im Hochofen zu Roheisen umgewandelt.

■ Der Konverter im Stahlwerk macht aus dem Roheisen und zugesetztem Schrott hochwertigen Stahl.

Zwei Hochöfen der Firma ThyssenKrupp im brasilianischen Bundesstaat Rio de Janeiro. Sie produzieren rund 5 Millionen Tonnen Roheisen pro Jahr, die vor Ort zu Stahl weiterverarbeitet werden. ▼

Stranggießanlage

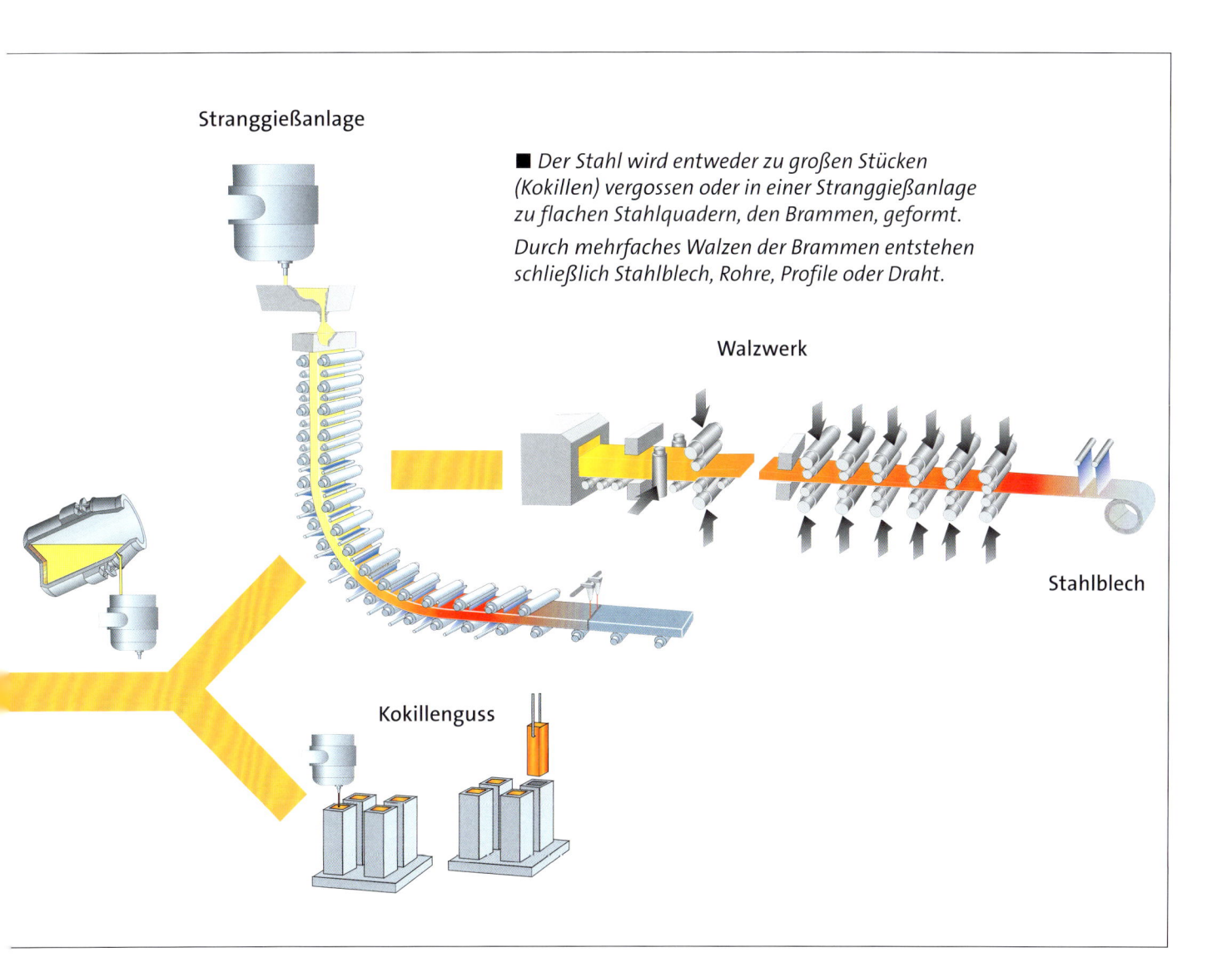

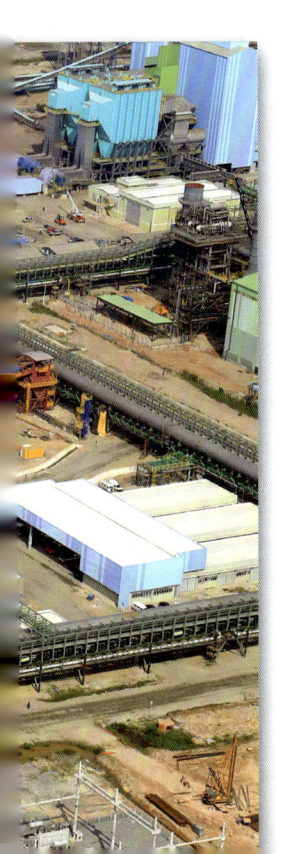

■ *Der Stahl wird entweder zu großen Stücken (Kokillen) vergossen oder in einer Stranggießanlage zu flachen Stahlquadern, den Brammen, geformt. Durch mehrfaches Walzen der Brammen entstehen schließlich Stahlblech, Rohre, Profile oder Draht.*

Walzwerk

Stahlblech

Kokillenguss

Koks ist aber nicht der einzige verwendete Brennstoff. Es hat sich bewährt, zusammen mit der Luft Kohlenstaub, Öl oder Gas als zusätzliche Heizstoffe in den Hochofen einzublasen.

Viel Mühe um heiße Luft

Der Kopf eines Hochofens heißt Gicht. Hier strömen die Verbrennungsgase hinaus. Aber diese Gichtgase sind nicht nur heiß, sondern enthalten zudem große Mengen brennbarer Bestandteile. Man nutzt ihre Energie daher, um die unten in den Ofen eingeblasene Luft, den »Wind«, vorzuwärmen.

Das geschieht in den Winderhitzern – drei bis zu 60 Meter hohe Stahltürme neben dem Hochofen. Sie sind ausgefüllt mit einem Gitterwerk aus feuerfesten Steinen. Zu jedem Winderhitzer gehört eine fast ebenso hohe Verbrennungskammer. Hier verbrennen die zuvor gereinigten und von Erzstaub befreiten Gichtgase zusammen mit Luft, mitunter auch zugesetztem Erdgas. Ein weit über tausend Grad heißer Feuersturm erfüllt dann die Kammer.

◄ Fast 6000 Tonnen Roheisen pro Tag liefert dieser Hochofen von ThyssenKrupp in Duisburg. Er erfüllt modernste Umweltschutzstandards.

Seine Abgase fauchen durch das Gitterwerk des Winderhitzers und heizen dessen Steinfüllung auf etwa 1350 Grad Celsius. Nach gut einer Stunde schaltet man die Gichtgaszufuhr ab und bläst Außenluft durch das heiße Gitterwerk. Die Steine geben während dieses »Blasens« ihre Wärme an die Luft ab, die dann als Heißwind von etwa 1200 Grad Celsius in den Hochofen eintritt.

Die Winderhitzer werden abwechselnd betrieben: Zwei werden jeweils aufgeheizt, der dritte wärmt die Luft vor.

Das Herz der Eisenhütte: der Hochofen

Von außen ist die eigentliche Form eines Hochofens nicht erkennbar – zu sehr ist er von einem Tragegerüst mit Zusatzeinrichtungen umgeben, das bis in über 100 Metern Höhe aufragt. Der

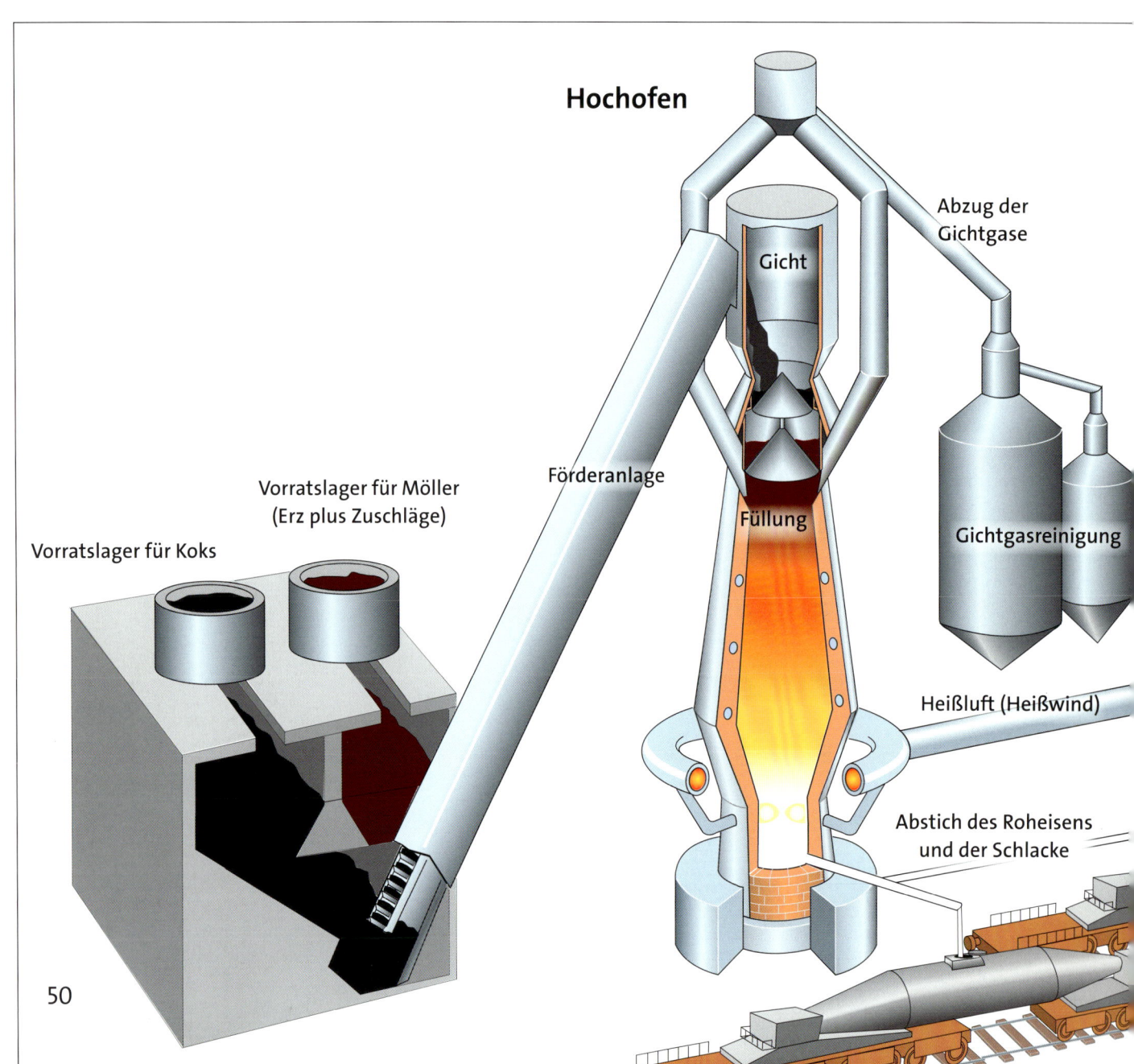

Hochofen

- Abzug der Gichtgase
- Gicht
- Förderanlage
- Füllung
- Gichtgasreinigung
- Vorratslager für Möller (Erz plus Zuschläge)
- Vorratslager für Koks
- Heißluft (Heißwind)
- Abstich des Roheisens und der Schlacke

eigentliche Hochofen ist ein rundes, röhrenförmiges Gefäß von bis zu 50 Metern Höhe und gut 12 Metern Durchmesser. Er ist mit einer rund ein Meter dicken Schicht aus feuerfestem Material ausgekleidet.

Oben in der Gicht nehmen meterdicke Gasabzugsrohre die Gichtgase auf und leiten sie zu den Reinigungsanlagen und dann zu den Winderhitzern. Hier oben erlauben auch schleusenähnliche Vorrichtungen, regelmäßig neues Füllmaterial in den Ofen einzubringen, ohne dass Gas ausströmt. Das Füllmaterial, also Möller und Koks, wird über Förderbänder angeliefert und abwechselnd eingeschüttet.

Der sich darunter anschließende Teil heißt Schacht. Er verbreitert sich nach unten hin, denn so setzt sich das absackende Füllmaterial nicht fest, wenn es sich in der Hitze immer stärker ausdehnt.

Der »Kohlensack«, der mittlere, zylindrische Teil des Hochofens, leitet über zur »Rast«. Deren Durchmesser nimmt nach unten ab, weil in diesem Bereich das Füllmaterial schmilzt und dabei sein Volumen verringert. Der unterste Bereich schließlich heißt »Gestell«. Es trägt an seinem oberen Teil zahlreiche wassergekühlte Rohre, durch die der Heißwind aus den Winderhitzern unter hohem Druck eingeblasen wird.

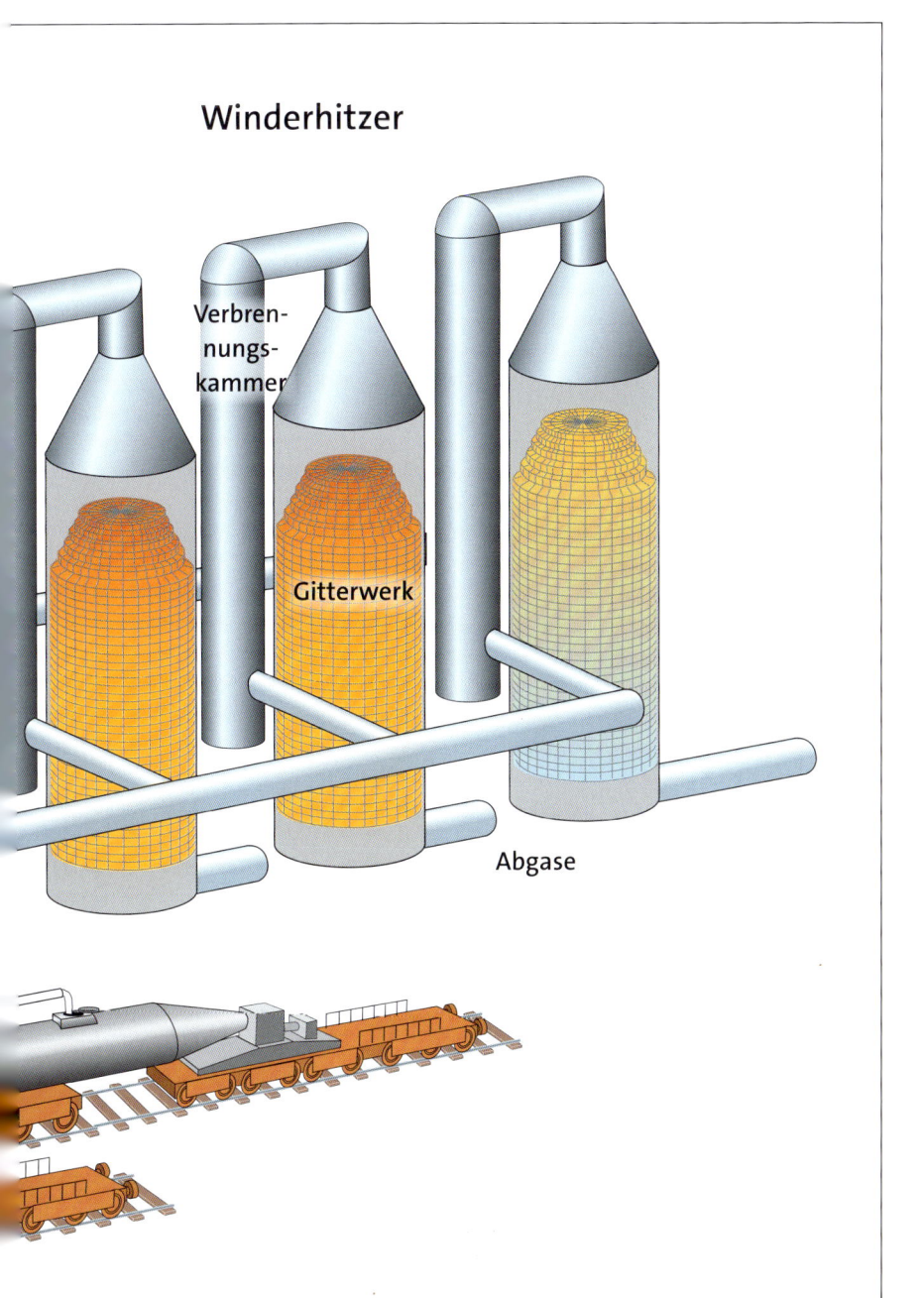

◄ *Diese Skizze zeigt die wichtigsten Bestandteile einer Hochofenanlage.*

Koks und der aus Erz und Zuschlagstoffen bestehende Möller wird oben durch die Gicht eingefüllt.

Eingeblasene Heißluft, hergestellt durch Verbrennung der Gichtgase in den Winderhitzern, unterstützt den Umwandlungsprozess.

Die Gichtgase verlassen den Hochofen oben und werden entstaubt und gereinigt.

Roheisen und Schlacke verlassen den Hochofen unten – sie fließen beim Abstich als weißglühende Flüssigkeiten aus und werden in Pfannenwagen abgefüllt und zur Weiterverarbeitung gefahren.

▲ *Alle Abläufe bei der Roheisen- und Stahlherstellung werden heute mit Leitwarten und Computerhilfe überwacht und gesteuert.*

Moderne Hochofenanlage. Der Hochofen steht hinter der hellen Verkleidung. Im Hintergrund erkennt man die Kuppeln der Winderhitzer. ▼

Das Gestell besitzt bis zu vier Stich- oder Spundlöcher, die man vorübergehend öffnen kann, um die angesammelte Schlacke und das Roheisen abfließen zu lassen. Nach jedem dieser »Abstiche« schließen die Hochofenarbeiter das Loch rasch wieder mit einem speziellen feuerfesten Material.

Ein wesentlicher Teil des Hochofens ist der Kontrollraum. Von hier aus wird mit Computerhilfe der gesamte Hochofenbetrieb gesteuert und mittels Kameras, Fernthermometern und einer Fülle weiterer Sensoren überwacht. Viele Tätigkeiten laufen weitgehend automatisiert ab. So steuert der Rechner die Zuführanlage und füllt die jeweils richtige Menge an Erz und Koks zur richtigen Zeit ein. Er berücksichtigt dabei die gewünschte Qualität des Roheisens, den Ablauf der Reduktion im Ofen, die Zusammensetzung des eingefüllten Erzes, Temperatur und Druck der eingeblasenen Heißluft und schließlich Menge und Zusammensetzung des jeweils abgestochenen Roheisens, die durch eine schnelle Untersuchung rasch entnommener Proben bestimmt wird.

Glut, die Eisen schafft

In den verschiedenen Zonen des Hochofens laufen eine Fülle unterschiedlicher physikalischer und chemischer Reaktionen ab. Sie bestimmen die Veränderungen im Füllgut, das nach dem Einfüllen langsam nach unten sackt, dabei immer höheren Temperaturen ausgesetzt ist und sich immer stärker umwandelt. Es passiert im Laufe von etwa acht Stunden den gesamten Ofenschacht und wird zu flüssigem Eisen und Schlacke.

Im obersten Teil trocknen die aufsteigenden heißen Gase das Füllmaterial und heizen es auf. Ab einer Temperatur von rund 500 Grad Celsius beginnt auch die Reduktion des Eisenerzes zu Eisen. Denn in dieser Wärmezone kommt das Erz mit heißem Kohlenmonoxidgas in Berührung, das sich im unteren Ofenteil aus dem brennenden Koks bildet und dann aufsteigt. Es reißt Sauerstoffatome aus dem rotglühenden Erz und verbindet sich mit ihnen zu Kohlendioxidgas. Schon bei dieser »indirekten Reduktion« entsteht eine gewisse Menge metallischen Eisens.

Weiter unten, im Bereich von etwa 1000 bis 1300 Grad Celsius, setzt die »direkte Reduktion« ein. Hier glühen Erz und Koks bereits hellrot, und der Kohlenstoff des Kokses reagiert direkt mit dem Eisenoxid. Das entstehende Eisen löst einen Teil des Kohlenstoffs, was seinen Schmelzpunkt senkt.

Vollendet wird die Reduktion im heißesten Bereich etwas oberhalb der eingeblasenen Heißluft. In dieser Schmelzzone herrscht bei etwa 1600 bis 2000 Grad Celsius Weißglut. Der eingeblasene Sauerstoff wird sofort vom Koks gebunden. Das Eisen tropft flüssig herab. Kohlenstoff und andere Erzbestandteile wie Silicium, Phosphor und Mangan wandern ins flüssige Eisen, während sich weitere Verunreinigungen mit der geschmolzenen Schlacke vereinigen.

Roheisen und Schlacke sammeln sich schließlich im Gestell. Die leichtere Schlacke schwimmt auf dem Roheisen und schützt es vor Sauerstoff.

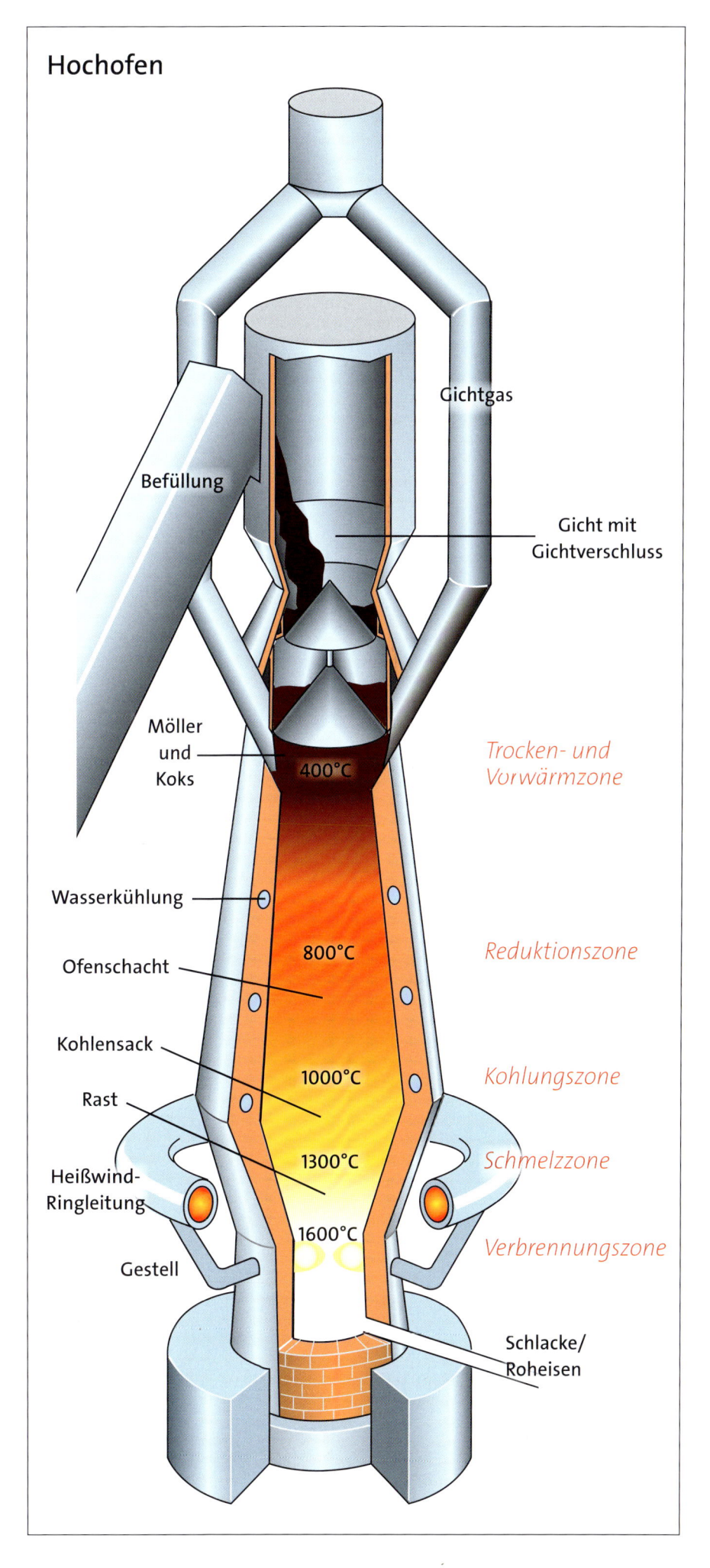

Hochofen

- Gichtgas
- Befüllung
- Gicht mit Gichtverschluss
- Möller und Koks — 400°C — *Trocken- und Vorwärmzone*
- Wasserkühlung
- Ofenschacht — 800°C — *Reduktionszone*
- Kohlensack — 1000°C — *Kohlungszone*
- Rast — 1300°C — *Schmelzzone*
- Heißwind-Ringleitung — 1600°C — *Verbrennungszone*
- Gestell
- Schlacke/Roheisen

■ *Abstich an einem Hochofen. Nach dem Aufbohren der Abstichöffnung strömen Roheisen und Schlacke als weißglühender, funkensprühender Fluss durch die Ablaufrinne.*

Funkensprühender Abstich

Versetzte man einen keltischen Eisenverhütter durch eine Zeitmaschine an einen modernen Hochofen, gingen ihm sicher vor Staunen die Augen über. Konnte er nach stundenlanger Arbeit gerade einmal 8 Kilogramm Luppe davontragen, liefert ein großer Hochofen heute über 12 000 Tonnen, also 12 Millionen Kilogramm Roheisen pro Tag! Dabei entstehen etwa 120 Tonnen Schlacke und 17 Millionen Kubikmeter Gichtgas.

Er schluckt dafür rund 20 000 Tonnen Möller und etwa 3600 Tonnen Koks, und verbraucht weit über 10 Millionen Kubikmeter Heißluft sowie 240 000 Kubikmeter Kühlwasser. Zusammen würden alle Feststoffe 2000 Eisenbahnwaggons füllen – täglich!

Der Abstich ist ein eindrucksvoller, freilich für die beteiligten Arbeiter nicht ungefährlicher Vorgang. Sie müssen sich daher mit spezieller Schutzkleidung gegen die Hitze schützen. Selbst der Besucher in vielen Metern Abstand spürt deutlich die Wärmeausstrahlung des Eisenflusses auf der Haut.

Eine Art großer Bohrmaschine öffnet eines der Stichlöcher am Hochofen. Roheisen und Schlacke schießen als weißglühender, über 1500 Grad heißer Strahl aus dem Stichloch. Eine vorbereitete Rinne aus feuerfestem Material nimmt den hell gleißenden Strom auf. Immer wieder spratzen dabei aus dem hellgelb gleißenden Fluss glühende Teile davon, und mitunter strahlen Garben weißblitzender Funken auf, als ob Dutzende großer Wunderkerzen auf einmal abbrennen.

Ein spezieller Teil der Rinne, genannt Fuchs, trennt Roheisen und Schlacke voneinander. Er nutzt dabei aus, dass Roheisen eine mehr als doppelt so hohe Dichte besitzt wie die Schlacke, und dass die beiden Flüssigkeiten sich nicht mischen. Das Eisen läuft durch ein Loch nach unten ab, die Schlacke durch eine andere Öffnung. Sie wird dann abgeschreckt, gemahlen und dient zum Beispiel als wertvoller Rohstoff für die Betonherstellung, als Baustoff oder Düngemittel.

■ *Von jeder Charge von Roheisen, die aus dem Hochofen strömt, werden Proben für die chemische Untersuchung genommen. Wegen der Hitze von rund 1500 Grad Celsius tragen die Arbeiter Schutzanzüge.*

Der seltsame Weg der Kohlengase

Im Hochofen spielen zwei chemische Verbindungen von Kohlenstoff und Sauerstoff die Hauptrolle. Im Kohlendioxid ist jedes Kohlenstoffatom (C) mit zwei Sauerstoffatomen (O) verbunden, was der Chemiker durch die Formel CO_2 ausdrückt. Außerdem gibt es noch das Kohlenmonoxid, in dem jedes Kohlenstoffatom nur ein Sauerstoffatom bindet und das daher die Formel CO besitzt.

Normalerweise entsteht beim Verbrennen von Holz, Benzin oder Kohle an der Luft Kohlendioxid. Aber auch das Kohlenmonoxidgas ist aus dem Alltag bekannt. Es kann sich nämlich in Öfen bei schlechter Luftzufuhr bilden und ins Zimmer dringen, zudem ist es in Auspuffgasen von Autos enthalten. Kohlenmonoxid ist brennbar und zudem höchst giftig: Es verändert das Blut so, dass es keinen Sauerstoff mehr binden kann, und man erstickt innerlich.

Wie aber entsteht das Gas im Hochofen, in den doch kräftig Luft eingeblasen wird? Tatsächlich bildet sich nahe der Einblasstellen kein Kohlenmonoxid, sondern Kohlendioxid. Hier brennt der Koks und erzeugt die nötige Ofenhitze.

Wenn das Kohlendioxid aber aufsteigt, muss es Zonen mit kühlerem, rotglühendem Koks passieren. Dieser entzieht dem Gas einen Teil des Sauerstoffs: Aus C plus CO_2 entstehen 2 Teile CO. In höheren, kälteren Zonen zerfällt das Kohlenmonoxid dann zum Teil wieder in Kohlenstoff und Kohlendioxid. Aber etwa die Hälfte schafft es bis ins Gichtgas – und bewirkt dessen Brennbarkeit: Im Winderhitzer wird das gesamte im Hochofen gebildete Kohlenmonoxid verbrannt.

Gusseisen in Grau und Weiß

Das aus dem Hochofen fließende Roheisen ist keineswegs rein. Es enthält neben 4 bis 5 Prozent Kohlenstoff zahlreiche weitere Beimischungen. Die Art dieser Bestandteile kann man durch geeignete Wahl der Erze, der Ofenführung und der Zuschlagstoffe steuern.

Die Hüttenleute unterscheiden je nach Aussehen der Bruchfläche eines erstarrten Roheisenstücks zwei Sorten. Roheisen mit silbriger Bruchfläche nennen sie »weißes Eisen«. Es enthält als Beimischung vor allem das chemische Element Mangan. Der Kohlenstoff ist chemisch gebunden zu hartem Eisencarbid (Zementit) – je drei Eisenatome sind darin mit einem Kohlenstoffatom verknüpft. Nur dieses weiße Eisen eignet sich für die Stahlherstellung.

Roheisen mit grauer Bruchfläche dagegen, sogenannter Grauguss, enthält als Beimischung vor allem Silicium, den Grundstoff von Sand und Gesteinen. Das Silicium verhindert weitgehend die Entstehung von Eisencarbid. Daher bildet der Kohlenstoff im Eisen dunkle Graphitkristalle. Grauguss eignet sich zum Beispiel zur Herstellung von Kanaldeckeln, Gullys, Abwasserrohren und anderen Teilen, wo seine Sprödigkeit nicht stört. Dafür lässt er sich bequem in Formen gießen, zudem sind seine Steifigkeit, Härte und Wärmeleitfähigkeit für manche Anwendungen erwünscht.

Das Roheisen läuft vom Hochofen aus direkt in sogenannte Torpedopfannen, die in der Etage unterhalb des Hochofens bereit stehen. Das sind auf Waggons montierte, vorn und hinten spitz zulaufende Behälter, die mit feuerfestem Material ausgekleidet sind und über 200 Tonnen Roheisen aufnehmen können. Die seltsame Form hat einen wichtigen Grund: Die Pfanne kann um ihre Längsachse gedreht und so ausgeleert werden. Dank ihrer Auskleidung hält sie das Roheisen viele Stunden lang flüssig. »Weißes« Roheisen fährt darin zum Stahlwerk, »graues« in die Gießerei.

▲ *Funkensprühend wie Dutzende riesiger Wunderkerzen strömt das Roheisen in einen Torpedowagen der Dillinger Hütte im saarländischen Dillingen, der es zur Weiterverarbeitung ins Stahlwerk bringt.*

In solchen feuerfest ausgekleideten und isolierenden Torpedowagen können über 300 Tonnen glutflüssiges Roheisen viele Stunden lang aufbewahrt oder transportiert werden. ▼

■ *Der Konverter im Stahlwerk verwandelt Roheisen und den zum Wiederverwerten zugesetzten Schrott in hochwertigen Stahl.*

Entstanden im reinigenden Feuer

Die Entfernung des überschüssigen Kohlenstoffs und anderer störender Stoffe aus dem Roheisen war in früheren Zeiten eine langwierige und schwierige Aufgabe. In einem modernen Stahlwerk dauert sie nur 10 bis 20 Minuten. Das Prinzip ist aber das gleiche wie seit Jahrhunderten: Das Eisen wird gefrischt, also mit Sauerstoff behandelt, der die störenden Stoffe wegbrennt. Das geschieht in gewaltigen Behältern, den Konvertern. Sie sind innen wie einst die Thomas-Birnen mit feuerfestem Dolomit ausgekleidet, etwa 10 Meter hoch und 8 Meter im Durchmesser und können bis zu 400 Tonnen Material aufnehmen. Zum Ausleeren sind sie kippbar. Heizen muss man sie nicht: Das Verbrennen des Kohlenstoffs erzeugt reichlich Hitze.

Roheisen plus Schrott

Zunächst steht der Konverter senkrecht und wird durch seine große Öffnung befüllt. Ein Kran schüttet eine kleine Ladung gebrannten Kalk hinein, der später schützende Schlacke bildet. Dann folgt eine Schütte Eisenschrott, der auf diese Weise ohne großen Aufwand wiederverwendet wird und das flüssige Eisen kühlen soll. Und schließlich rinnt ein breiter Strom Roheisen in den Konverter. Meist kommt es direkt vom Hochofen. Bei manchen Erzen freilich ist es nötig, das Roheisen noch vor der Stahlherstellung von allzu störenden Stoffen zu befreien. Das geschieht durch Zugabe bestimmter Chemikalien, die diese Stoffe gezielt binden und in Schlacke umwandeln.

Schließlich fährt von oben her die »Lanze« in den Konverter. Das ist ein wassergekühltes Rohr mit vielen kleinen Öffnungen am unteren Ende. Diese Lanze bläst unter hohem Druck reinen Sauerstoff auf das Eisen – er wirkt weit besser als Luft, die ja nur zu einem Fünftel aus Sauerstoff besteht. Wo das Gas auftrifft, gleißt das Eisen in heller Weißglut, denn hier verbrennen Kohlenstoff, Phos-

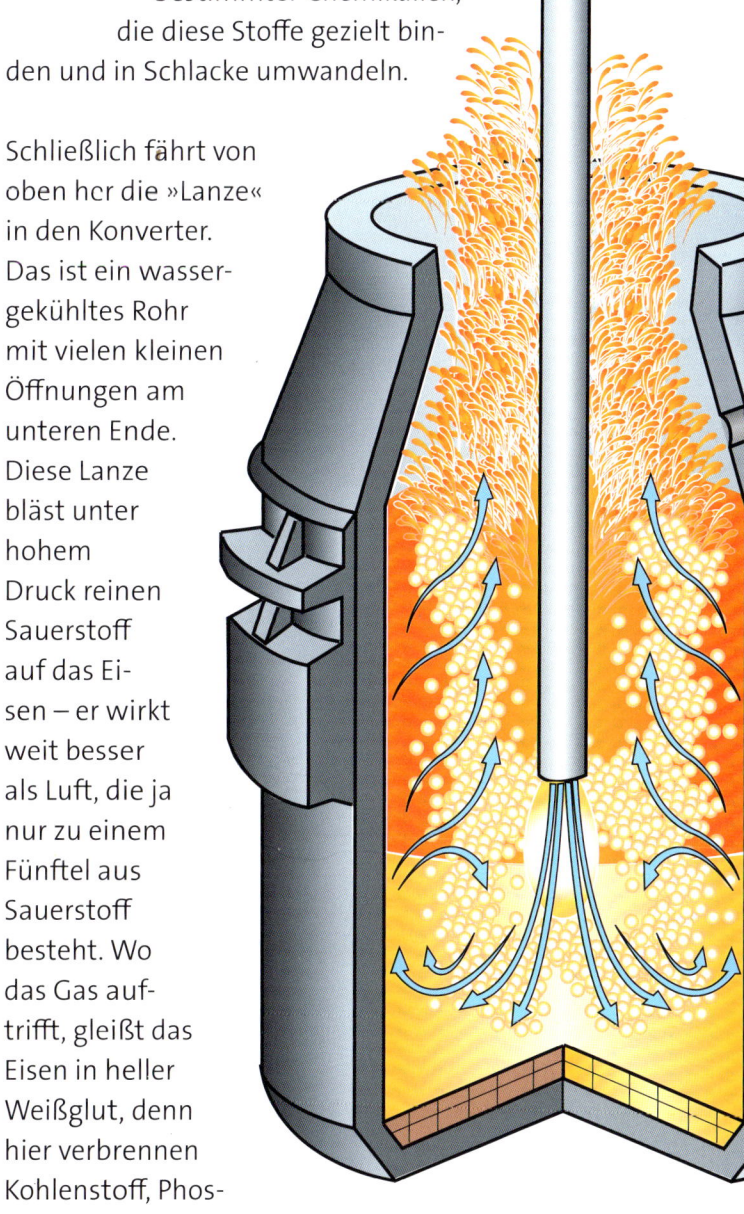

▲ Wenn sich im Feuersturm das Roheisen zu Stahl wandelt, darf kein Mensch am Konverter stehen – das wäre viel zu gefährlich. Außerdem muss der Raum abgeschlossen sein, damit die Abgase aufgefangen und gereinigt werden können. Daher wird der gesamte Prozess von einem Leitstand aus mittels Kameras und zahlreichen Messgeräten mit Computerhilfe überwacht und gesteuert.

phor, Mangan, Schwefel, Silicium und andere Störenfriede bei Temperaturen von über 2500 Grad Celsius fast vollständig. Die Hitze sorgt für eine kräftige Umwälzbewegung in der Schmelze, so dass alle Teile mit dem Sauerstoff in Berührung kommen – Umrühren ist unnötig.

Geboren im Feuersturm

Die Verwandlung des Roheisens in Stahl ist ein eindrucksvoller Anblick, auch wenn man ihn in modernen Stahlwerken aus Sicherheitsgründen nur noch durch Schutztüren erkennen kann. Denn die entstehenden Gase fauchen unter lautem Zischen in einem mächtigen Feuersturm aus der Konverteröffnung heraus, durchsetzt mit hoch spritzenden Teilen der Schmelze. Der Konverter füllt sich da-

bei zunehmend mit schaumiger Schlacke, in der sich die Verbrennungsprodukte sammeln, und die Filteranlagen, die Abgase und Staub einsammeln, haben viel zu tun.

Menschen halten sich dabei nicht in der Nähe auf, alle Vorgänge laufen automatisiert ab und werden von einem Kontrollraum aus per Computer, Kameras und Temperaturfühlern überwacht und gesteuert. Man verlässt sich dabei nicht auf den Zufall: Nach etwa 20 Minuten Blasen fährt eine weitere Lanze in die Schmelze und entnimmt eine Probe, die rasch und vollautomatisch chemisch analysiert wird. Auch die Temperatur der Schmelze wird gemessen; sie gibt wichtige Hinweise auf den Ablauf der Umwandlung. Wenn nötig, kann man jetzt noch Nachblasen oder auch weitere Zuschläge einfüllen. Auch Zusatzstoffe zum Legieren des Stahls mit anderen Metallen werden erst beim Abstich zugegeben; sie schmelzen sofort auf und verteilen sich im Eisenbad.

Trennung beim Ausleeren

Ist alles okay, fährt die Sauerstofflanze heraus, und starke Elektromotoren kippen langsam den mächtigen Konverter. Durch ein kleineres Abstichloch an der Seite rinnt zunächst das Roheisen in eine bereit gestellte Gießpfanne. Die auf dem Eisen schwimmende Schlacke bleibt zunächst im Konverter. Damit Eisen und Schlacke sicher getrennt werden, überwachen Kameras und Temperaturfühler den ausfließenden Strom. Schließlich kippt man den Konverter zur anderen Seite, so dass die Schlacke aus der großen Öffnung ausläuft. Der Konverter muss nicht völlig entleert werden, man lässt sogar absichtlich etwas Schlacke als Schutz darin. Denn schon wenige Minuten später wird er erneut befüllt.

Stahl an der Wiege der EU

Stahl hat einen wesentlichen Anteil am vereinten Europa. Stahl und Kohle sind unverzichtbar für die Waffenproduktion, und besonders deutlich zeigte sich das im Zweiten Weltkrieg. Daher wollten europäische Staatsmänner fortan durch Vernetzung und gegenseitige Kontrolle der Eisen- und Kohleindustrie weitere Kriege in Europa verhindern und gründeten 1951 die »Europäische Gemeinschaft für Kohle und Stahl« (meist Montanunion genannt), der Deutschland, Frankreich, Italien und die Benelux-Staaten angehörten.

1957 ging sie über in die Europäische Wirtschaftsgemeinschaft (EWG) als gemeinsamer Markt der sechs Mitgliedsstaaten. Nach und nach traten weitere Staaten bei, und 1992 wurde die Europäische Union gegründet und wächst seither weiter.

◄ *Das Einfüllen der glutflüssigen Eisenmasse zur Weiterverarbeitung geschieht mithilfe von Kränen. Ferngesteuert befördern und kippen sie die viele Tonnen schweren Gefäße.*

Stahl durch Strom

Was hier beschrieben wurde, ist das sogenannte Sauerstoffblas- oder auch LD-Verfahren: Es wurde um 1950 in den österreichischen Stahlwerken in Linz und Donawitz entwickelt, daher der Name. Heute werden weltweit etwa zwei Drittel des Stahls nach diesem Verfahren hergestellt.

Das letzte Drittel entsteht auf ganz anderem Wege: in der Regel nicht aus Erz, sondern aus Schrott, und zwar mit Hilfe des elektrischen Stroms im Elektrolichtbogenofen. Das ist ein meist rundes, kippbares Gefäß von mehreren Meter Durchmesser, das je nach Bauform und Zweck zwischen einer und 300 Tonnen Schmelze aufnimmt. Die Wände sind feuerfest ausgemauert und werden außen wassergekühlt.

Den Strom führen dicke Stäbe (Elektroden) aus elektrisch leitfähigem Graphit zu. Man arbeitet dabei mit elektrischen Spannungen von über 1000 Volt und Stromstärken von mehr als 60 000 Ampere (zum Vergleich: eine elektrische Herdplatte zieht 5 bis 10 Ampere).

Der Ofen wird mit der vorgesehenen Schrottmenge gefüllt und die Elektroden durch Löcher im Deckel hineingefahren. Bei einem bestimmten Abstand bilden sich zwischen den Elektroden und dem Schrott elektrische Lichtbögen – über 3500 Grad heiße, hell leuchtende Entladungen. Ihre Hitze schmilzt in kurzer Zeit den Schrott sowie etwaige Zusatzstoffe. Manche Öfen haben zusätzliche Gasbrenner, um das Anheizen zu beschleunigen. Außerdem können sie mit einer Sauerstofflanze unerwünschte Bestandteile im Schrott

Gleichstrom-Elektroofen der Georgsmarienhütte in der gleichnamigen Stadt. Ein elektrischer Lichtbogen erzeugt darin Temperaturen von bis zu 3500 Grad Celsius. Mit solchen Öfen lassen sich besonders hochwertige Stähle produzieren.

Der Lichtbogen entsteht als gleißendes Band elektrischer Entladung zwischen der Füllung des Ofens und der in den Ofen gesenkten massiven Graphitelektrode, die über dem Ofen erkennbar ist. ▼

verbrennen. Nach weniger als einer Stunde ist der Vorgang normalerweise beendet, und die Schmelze wird durch Kippen des Ofen abgegossen.

Das Elektrostahlverfahren hat manche Vorteile: Es ist vergleichsweise sparsam mit Energie, außerdem kann man damit Schrott zu 100 Prozent wiederverwerten – ein wichtiger Beitrag zum Umweltschutz. Und es eignet sich prinzipiell für jede Stahlsorte, da man die Zusammensetzung der Schmelze durch entsprechende Zugaben nach Wunsch beeinflussen kann.

Nachbehandlung zur Qualitätssteigerung

Im Konverter oder Lichtbogenofen erzeugter Stahl erfüllt noch nicht die heutigen Qualitätsanforderungen. Insbesondere enthält er gelöste Gase, etwa Sauerstoff, und immer noch zu viel Schwefel, Phosphor oder andere Verunreinigungen. Immerhin reichen mitunter winzige Mengen bestimmter Stoffe, die Eigenschaften des Stahls zu verschlechtern, und der Konverter kann nicht alles entfernen. Daher wird der Stahl meist noch nachbehandelt. Was dazu im Einzelfall nötig ist, entscheidet eine chemische Analyse der Schmelze. In der Regel findet diese

Alles Schrott

Jedes Jahr fällt eine unglaubliche Menge an Alteisen an, weltweit fast 500 Millionen Tonnen. Er besteht zum Beispiel aus alten Fahrzeugen, entsorgten Haushaltsgeräten, abgewrackten Schiffen und Panzern, den Stahlträgern abgerissener Bauwerke und dem unvermeidlichen Abfall aus der Produktion stählerner Waren.

Dieser Stahlschrott ist ideal wiederverwertbar – im Konverter wie im Lichtbogenofen. Selbst Rost stört dabei nicht – im Gegenteil, er liefert erwünschten Sauerstoff in die Schmelze. Das Aufarbeiten von Schrott verbraucht nur einen Bruchteil der Energie, die die Stahlerzeugung aus Erz schluckt.

Deutschland zum Beispiel deckt daher fast die Hälfte seiner Stahlproduktion aus Schrott – rund 21 Millionen Tonnen pro Jahr, was dem Gewicht von über 14 Millionen Autos entspricht.

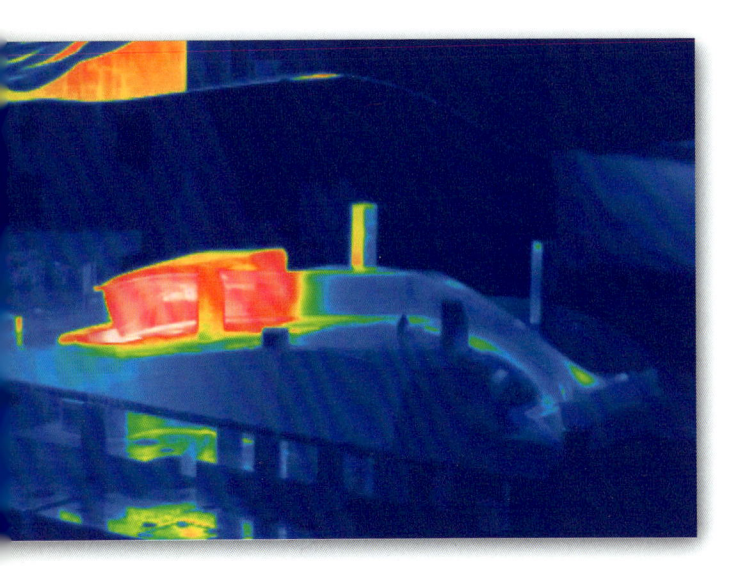

▲ *In einem Stahlstück Bereiche mit unterschiedlichen, jeweils genau bestimmten Eigenschaften zu erzeugen, gelingt mit dem Tailored-Tempering-Verfahren von ThyssenKrupp. Diese Wärmebehandlung wird genau überwacht, unter anderem mit Wärmebild-Kameras, die auf infrarote Strahlen reagieren und sie wie hier in unterschiedlich gefärbte Bilder umsetzen.*

»Sekundärmetallurgie« in einer Stahlpfanne, also einem feuerfest ausgekleideten Gefäß, statt. Der Stahlfachmann nennt besonders reine Stähle Edelstähle – anders als im Alltag fallen unter diese Bezeichnung nicht nur nichtrostende Stähle.

Die Sekundärmetallurgie verfügt über ein ganzes Bündel von Maßnahmen, die je nach gewünschter Stahlqualität eingesetzt werden. So gibt man etwa der Schmelze Ferrosilizium (eine Eisen-Silizium-Verbindung) zu, um restlichen Sauerstoff im Eisen zu binden. Das ist sehr wichtig, weil die Schmelze sonst beim Abkühlen »kocht«: Aus Sauerstoff und Kohlenstoff entsteht Kohlenmonoxidgas, das den Stahl nicht ruhig erstarren lässt.

Andere Stoffe treibt man mittels Durchblasen der Schmelze mit chemisch nicht reagierenden Gasen (Inertgasen) aus oder bindet sie mit Zusatz-Chemikalien.

Eine sehr häufig verwendete Methode nutzt Vakuum. Dazu fährt man die Pfanne in einen Vakuumofen, in dem man durch Herauspumpen der Luft Unterdruck erzeugen kann. Wie aus einer geöffneten Sprudelflasche perlen dann die restlichen gelösten Gase aus der Schmelze heraus.

Spezialstähle für sehr hohe Anforderungen schmilzt man sogar unter einer schützenden Schlackeschicht noch einmal auf und lässt sie ruhig erstarren, damit sich ihre Atome optimal anordnen.

Stahlveredlung

Stahl ist nicht zuletzt deshalb ein so beliebter Werkstoff, weil man seine Eigenschaften in weitem Rahmen den jeweiligen Anforderungen anpassen kann.

Neben der Wärmebehandlung nutzt man dafür vor allem das Legieren, also das Vermischen mit anderen chemischen Elementen. Zahlreiche Stahlsorten, die im Handel sind, unterscheiden sich nicht zuletzt in diesen Zusatzstoffen. Einige Metalle, die besonders hochwertige Stähle erzeugen, nennt man daher auch Stahlveredler. Dazu zählen zum Beispiel Chrom, Nickel, Cobalt, Vanadium, Mangan, Molybdän, Titan und Wolfram. Im Handel teilt man die Stahlsorten ein in unlegierte Stähle für weniger hohe Anforderungen, legierte Stähle für höhere Leistungen und als besondere Gruppe die rostfreien Stähle.

Es gibt eine fast unübersehbare Fülle von Stahlsorten für die unterschiedlichsten Anforderungen. Je nach ihrem Gehalt an Legierungsstoffen und der Wärmebehandlung sind sie zum Beispiel besonders hart, zäh, weich (etwa für

Bleche), unmagnetisch, zerspanbar, gießbar, leicht zu formen, möglichst formstabil, wetterfest, rostfrei oder säurebeständig, elastisch, verschleißresistent – oder möglichst preisgünstig.

Stahl für Zukunftsautos

Welche Möglichkeiten immer noch im Stahl stecken, haben Forschungsergebnisse der letzten Jahre im Düsseldorfer Max-Planck-Institut für Eisenforschung bewiesen. Hier entstanden Stähle, die ein vergleichsweise geringes Gewicht mit ungewöhnlichen mechanischen Eigenschaften verbinden. Das macht sie zum idealen Material für die Autoproduktion.

An die Autokarosserie stellt man heute Anforderungen, die sich teilweise scheinbar widersprechen. Zum einen müssen die Fahrzeuge immer leichter werden, um den Kraftstoffverbrauch zu senken. Leichtere Karosserie-Baustoffe können einiges an Gewicht sparen, denn die Karosserie ist allein für etwa ein Viertel des Gesamtgewichts verantwortlich. Andererseits verlangt man immer höhere Festigkeit: Die Fahrgastkabine soll sich bei einem Unfall möglichst wenig verformen, um die Fahrgäste zu schützen. Gleichzeitig aber sollen sich manche Karosserieteile auch

Warmgewalzte Stahlbleche warten auf die Weiterverarbeitung. Große Betriebe, etwa der einzige Weißblechproduzent Rasselstein GmbH in Andernach, bekommen täglich Ladungen solcher Stahlblechrollen und formen daraus Feinbleche unterschiedlichster Art, unter anderem zur Herstellung von Konservendosen. ▼

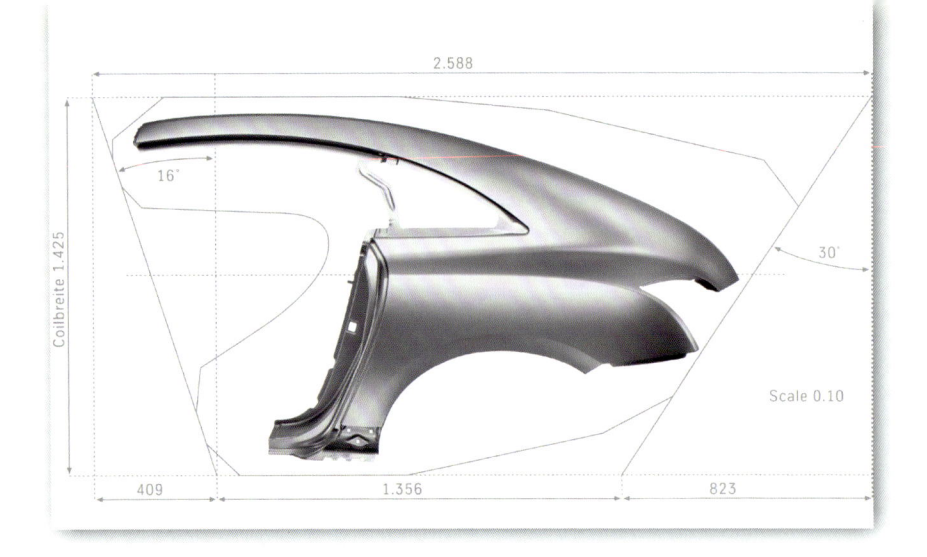

▲ Besonders die Autoindustrie ist Großabnehmer von speziell behandelten Stählen. Sie baut damit Karosserien, die geringes Gewicht und große Festigkeit verbinden.

bei einem Aufprall auf vorhersehbare Weise verformen (knautschen), um die Stoßenergie aufzunehmen.

Schon seit einigen Jahren sind »TRIP-Stähle« in Gebrauch, die gleichzeitig besonders fest und dehnbar sind. Ihren Einsatz macht eine Karosserie bei gleicher Festigkeit dünner und leichter. Freilich geht ein Teil der Dehnbarkeit zugunsten der Festigkeit schon bei der Formung des Werkstücks verloren. Das geschieht nämlich durch Tiefziehen, also durch Einpressen mit enormem Druck in eine Form.

Dehnbar fast wie ein Gummiband

Durch theoretische Berechnungen und zahlreiche Versuche haben die Max-Planck-Forscher nun Werkstoffe entwickelt, die die Eigenschaften herkömmlicher TRIP-Stähle noch deutlich übertreffen und für Stahl unerwartete Eigenschaften zeigen.

Eine mit 15 Prozent Mangan, 3 Prozent Aluminium und 3 Prozent Silicium legierte Stahlsorte zum Beispiel kann man um die Hälfte dehnen, ohne dass sie reißt. Und sie verfestigt sich dabei extrem: Sie widersteht einer Kraft entsprechend dem Gewicht von zehn Elefantenbullen auf der Fläche einer Briefmarke! Eine Stahllegierung mit 25 Prozent Mangan lässt sich sogar um 90 Prozent dehnen, ohne zu zerreißen. Und es gibt Stähle, die man

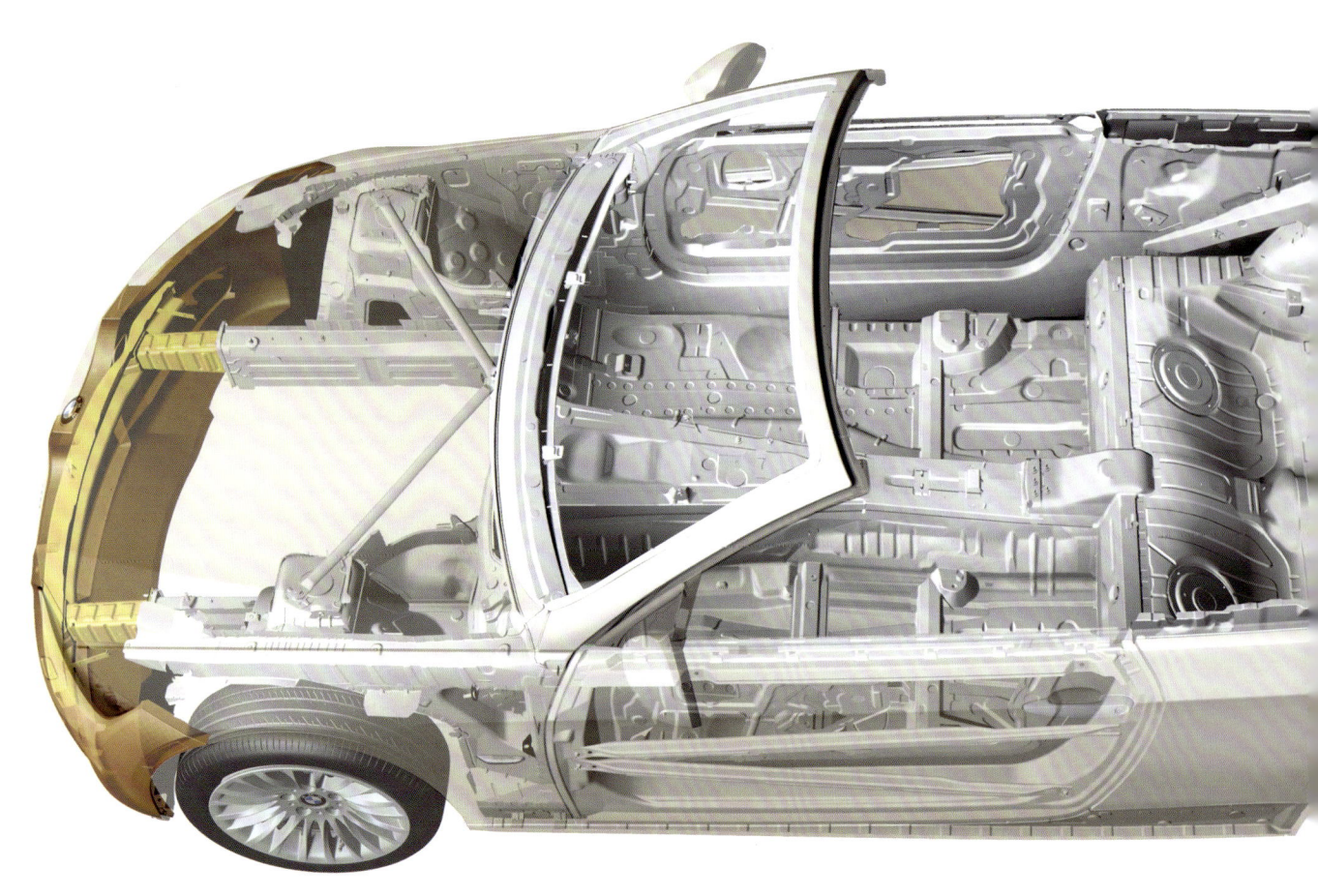

Stahlforschung in Deutschland

Selbst nach über 6000 Jahren Einsatz birgt Eisen noch viele Möglichkeiten und Rätsel – zumal die allgemeine technische Entwicklung immer wieder neue Anwendungsfelder mit neuen Anforderungen erschließt. Deshalb wird intensiv und mit modernsten Geräten am Stahl geforscht. Allein in Deutschland gibt es etwa 37 Institute an verschiedenen Universitäten, die sich mit Stahl beschäftigen. Dazu kommen 13 Fraunhofer-Institute, neun Helmholtz-Institute und zwei Max-Planck-Institute. Und natürlich forschen auch zahlreiche Eisenhütten, Stahlwerke und Anwender an der Verbesserung der Herstellungs- und Anwendungsmöglichkeiten.

um 1000 Prozent auseinander ziehen kann, ohne dass sie brechen. Grund dafür sind besondere Umlagerungen im Kristallgitter des Stahls.

Solche Stähle braucht man für die Knautschzonen, die sich bei einem Aufprall zusammenfalten und die Stoßenergie schlucken. Die neuen Stähle eignen sich dafür besonders gut, weil sie hohe Dehnbarkeit mit extrem rascher Reaktion verbinden – wichtig für Aufprallunfälle mit ihrem blitzschnellen Kraftstoß.

Ein noch besseres Verhalten zeigt der jüngst entwickelte Triplex-Stahl. Er besitzt von Haus aus schon gute Dehnbarkeit und steigert seine Qualität beim Kaltumformen (etwa Tiefziehen) noch wesentlich. Gleichzeitig ist er dank seiner Legierungsmetale Mangan und Aluminium deutlich leichter

◄ Man sieht dem Blech dieses BMW-Cabrios nicht ohne weiteres an, wie viel Entwicklungsarbeit darin steckt, damit das Auto bei einem Unfall größtmögliche Sicherheit bietet.
Die komplexen Formen der einzelnen Bereiche und die unterschiedlichen Eigenschaften der jeweils verwendeten Stahlsorten wirken auf genau berechnete und getestete Weise zusammen: Sie sorgen für große Steifigkeit der Fahrgastzelle, die sich möglichst nicht verformen darf.
An bestimmten Stellen wiederum gibt es Bereiche, wo sich der Stahl bei einem Unfall verformen soll, um die Aufprallenergie eines von vorn oder von der Seite kommenden fremden Wagens aufzufangen.

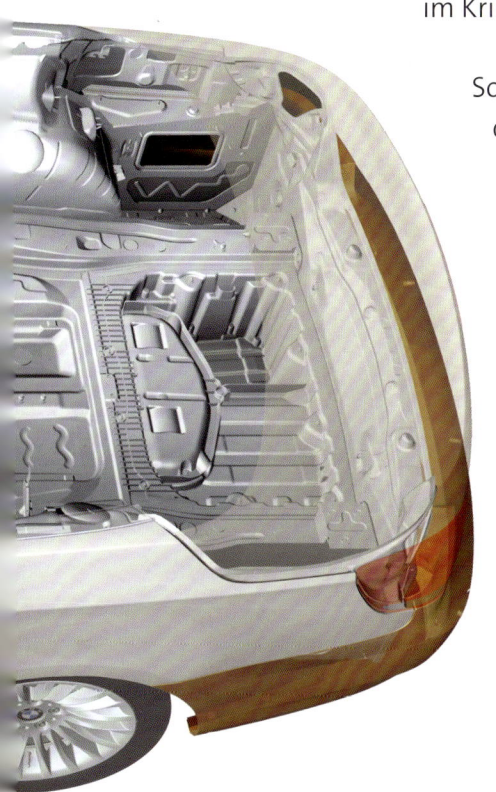

als herkömmlicher Stahl. Zwar sind die neuen Stähle schwieriger zu verarbeiten, trotzdem werden sie schon bald deutlich leichtere, sparsamere und dennoch sichere Autos ermöglichen.

Umweltschutz-Meister Stahl

So alt Stahl schon ist – er erfüllt auf geradezu ideale Weise ganz moderne Anforderungen an den Schutz der Umwelt. Und das in ganz vielfältiger Weise.

Einer seiner Vorteile: Eisen ist ein natürlicher Stoff, der sowieso in großen Mengen in der Umwelt vorkommt. Weder Rost noch metallisches Eisen sind giftig, und selbst wenn etwas Rost in den Boden oder in Flüsse gewaschen wird, stört das wenig, weil meist schon von Natur aus viel Eisen darin steckt. Zwar gräbt man zur Erzgewinnung gewaltige Löcher in den Boden, aber das geschieht nur an wenigen Stellen der Erde. Zudem kann man später diese Gebiete der Natur zurückgeben – sie sind nicht durch giftige Stoffe verseucht, wie sie etwa bei der Kupfer- oder Goldproduktion anfallen.

Die Erde ist extrem reich an Eisen. Dennoch ist Sparsamkeit geboten, denn die Hochöfen verbrauchen viel Energie. Allerdings deutlich weniger als noch vor einigen Jahrzehnten: Die Stahlindustrie hat den Energieaufwand zur Herstellung einer Tonne Stahl und damit den Ausstoß an Kohlendioxid seit 1950 um ein Drittel gesenkt. Man arbeitet zudem ständig an weiteren Verbesserungen.

Auch die Hüttenwerke haben sich seither sichtbar verändert. Moderne Hochöfen und Konverter sind in geschlossenen Räumen untergebracht. Frei werdende Gase und Stäube werden ständig abgesaugt, ausgefiltert und neutralisiert und wiederverwertet.

Auch das nötige Wasser läuft heute weitgehend im Kreislauf. Es wird nach Gebrauch gleich gereinigt und dann wiederverwendet. Der Wasserbedarf der Hütten und Stahlwerke ist dadurch drastisch zurückgegangen. Allein in den letzten 30 Jahren ist in Deutschland der Staubausstoß der Werke um etwa 90 Prozent gesunken. Auch die Lärmbelastung und die Gefährdung am Arbeitsplatz

---

Probiere es selbst!

Test mit dem Hammer

■ Den Unterschied zwischen ungehärtetem und gehärtetem Stahl kannst du leicht selbst erleben.

■ Hole im Baumarkt zwei »normale« Nägel (Drahtstift, etwa 5 cm lang) und zwei »Stahlstifte«. In Wirklichkeit bestehen beide aus Stahl, nur ist er im Stahlstift gehärtet. Das merkst du, wenn du die Nägel in ein Stück Holz treibst und dabei den Hammer etwas schräg aufschlägst.

■ Der Nagel verbiegt sich leicht, der Stahlstift dagegen bleibt gerade.

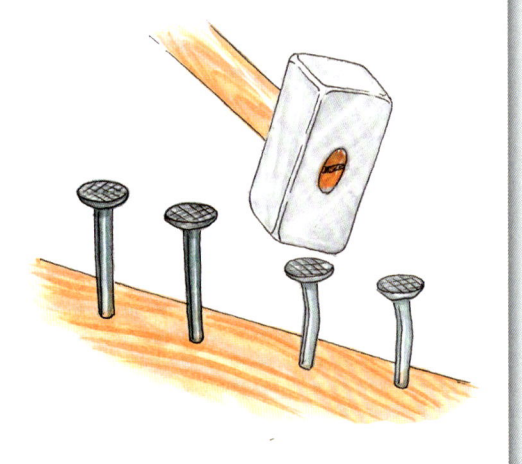

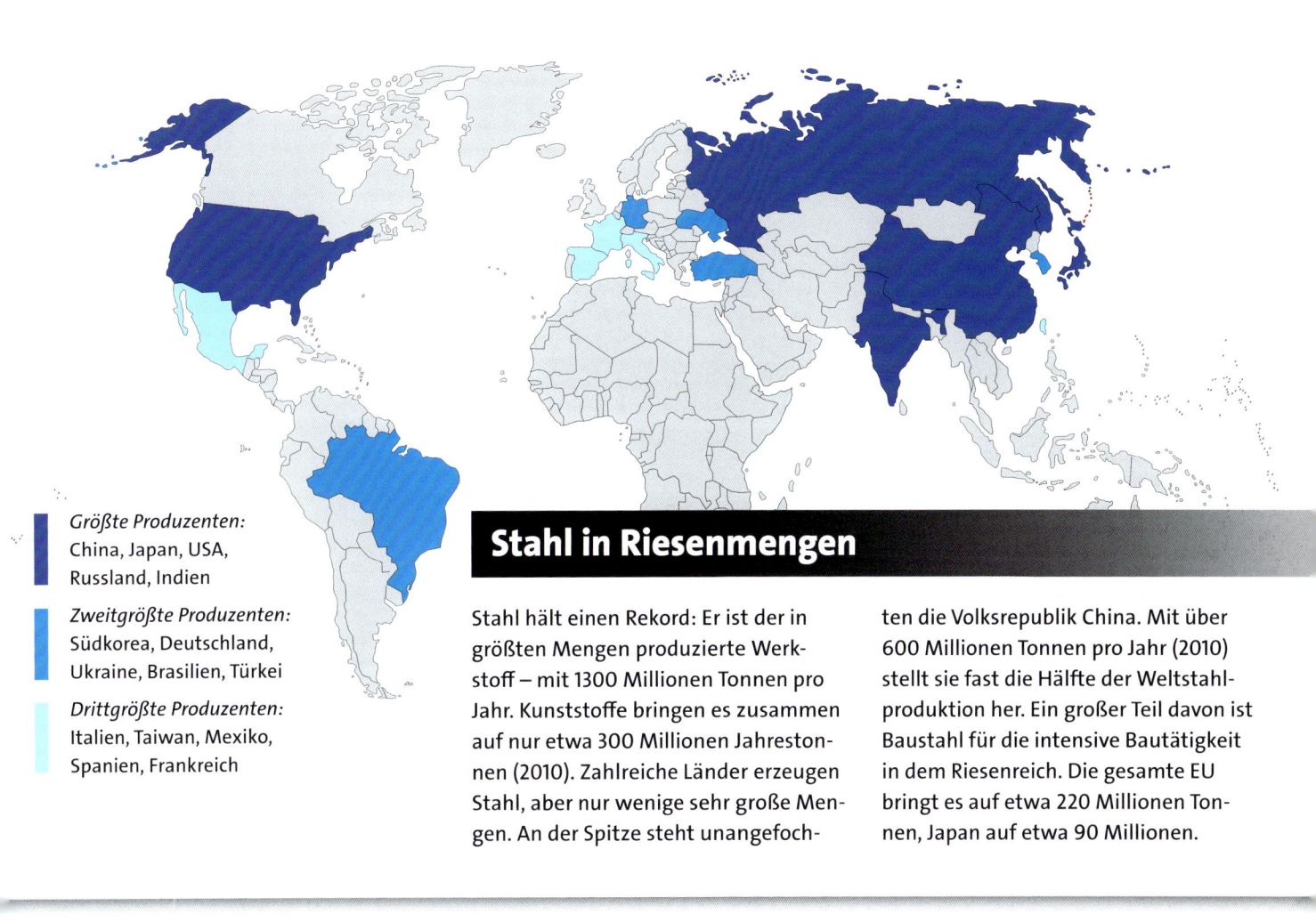

Größte Produzenten:
China, Japan, USA,
Russland, Indien

Zweitgrößte Produzenten:
Südkorea, Deutschland,
Ukraine, Brasilien, Türkei

Drittgrößte Produzenten:
Italien, Taiwan, Mexiko,
Spanien, Frankreich

Stahl in Riesenmengen

Stahl hält einen Rekord: Er ist der in größten Mengen produzierte Werkstoff – mit 1300 Millionen Tonnen pro Jahr. Kunststoffe bringen es zusammen auf nur etwa 300 Millionen Jahrestonnen (2010). Zahlreiche Länder erzeugen Stahl, aber nur wenige sehr große Mengen. An der Spitze steht unangefochten die Volksrepublik China. Mit über 600 Millionen Tonnen pro Jahr (2010) stellt sie fast die Hälfte der Weltstahlproduktion her. Ein großer Teil davon ist Baustahl für die intensive Bautätigkeit in dem Riesenreich. Die gesamte EU bringt es auf etwa 220 Millionen Tonnen, Japan auf etwa 90 Millionen.

haben deutlich abgenommen. Vor allem aber ist Stahl der ideale Recycling-Werkstoff. Anders als etwa Kunststoff lässt er sich beliebig oft ohne Qualitätsverlust wiederverwenden. Das Einschmelzen von Schrott verbraucht zudem weit weniger Energie als die Gewinnung von Eisen aus Erz.

Abendstimmung am Stahlwerk. Hüttenwerke arbeiten rund um die Uhr viele Jahre lang, ohne jede Pause. ▼

Stähle aller Art

Für die unüberschaubar vielen Anforderungen gibt es die unterschiedlichsten Stahlsorten. Einige werden hier vorgestellt.

Werkzeugstahl

Diese Stähle müssen besonders hart und zäh sein, um etwa in Bohrern, Schneiden von Drehbänken, Fräsern oder Feilen lange standzuhalten. Man unterscheidet Kaltarbeitsstähle, die bis 200 Grad Celsius verwendbar sind, Warmarbeitsstähle bis über 400 Grad Celsius und die Schnellarbeitsstähle (HSS), die besonders zäh und verschleißfest sind und selbst bei Rotglut noch nicht weich werden. Es sind legierte Stähle, die unter anderem Wolfram enthalten. Zudem tragen sie oft noch eine Schicht aus Hartmetall.

Baustahl

Für Stahlträger, Stahlplatten und dicke Stahlbleche nutzt man in der Regel niedrig legierte Stähle, die bei ausreichender Festigkeit vergleichsweise preisgünstig sind. Höhere Ansprüche an die Zähigkeit erfüllen Stähle mit etwa 20 Prozent Mangan.

Bewehrungsstahl

Stähle zum Einbetten in Beton (Stahl- bzw. Spannbeton), die eine bestimmte Mindeststabilität gegen einwirkende Zugkräfte aufweisen müssen. Sie werden in Form von Stäben, Ringen oder Matten geliefert und lassen sich gut schweißen.

Spannstahl

Besonders stabiler Stahl zur Herstellung von Spannbeton. Die Stahlseile oder -stäbe werden dabei kräftig unter Zugspannung gesetzt und so einbetoniert. Meist nutzt man unlegierte Stähle, die sich nach dem Spannen möglichst wenig strecken.

Nichtrostender Stahl

Stähle mit über 10 Prozent Chrom bilden eine dichte Randschicht an der Oberfläche, die sie vor Rost schützt. Weitere Legierungsmetalle wie Nickel, Molybdän oder Mangan erhöhen die Beständigkeit gegen chemische Angriffe. Dafür lassen sie sich allerdings schlechter bearbeiten. Eingesetzt werden nichtrostende Stähle an vielen Stellen, etwa für Haushaltsgegenstände (Töpfe, Bestecke, Spülbecken), Schornsteine, Schrauben, in der Medizin, im Brauereiwesen, Bauwesen (etwa für Fassaden), Schiffbau, in der Lebensmittelindustrie und chemischen Industrie.

Messerstahl

Für Messer, die vor allem stabil, härtbar sowie spülmaschinenfest sein müssen, nutzt man spezielle, hoch mit Chrom, Molybdän, Vanadium und anderen Metallen legierte Stähle.

Federstahl

Sie dienen für Uhrfedern, aber auch für massive Federn in Kraftfahrzeugen und müssen besonders fest und dabei elastisch sein, also immer wieder in ihre alte Form zurückschnellen. Das erreicht man durch Legieren mit kleinen Anteilen Kohlenstoff, Silicium, Chrom und Mangan.

Invarstahl

Eine Legierung aus Eisen und 36 Prozent Nickel, teils zusätzlich Cobalt, mit der Eigenschaft, bei Temperaturänderungen das Volumen praktisch nicht zu verändern. Sie dienen zur Herstellung von Präzisionsmessgeräten, Uhren sowie anderen Bauteilen, die auf Formstabilität angewiesen sind.

◂ Wenn der Intercity-Express (ICE) mit mehr als 300 Kilometern pro Stunde über die Schienen jagt, werden die Räder hohen Belastungen ausgesetzt. Sie bestehen daher aus besonders verschleißfestem Stahl.

Tiefziehstahl

Die Stähle sind für den Tiefziehprozess optimiert, also die Verformung etwa von Blechen durch Druck in eine Form hinein. Viele Stahlteile am Auto werden zum Beispiel so hergestellt. Dazu müssen die Stähle vergleichsweise weich und sehr reißfest sein.

Säurebeständiger Stahl

Rostfreier Stahl mit erhöhtem Chromanteil über 18 Prozent ist gegen viele Säuren, Laugen und andere Chemikalien widerstandsfähig und wird unter anderem in der chemischen Industrie verwendet.

Automatenstahl

Stahl, der etwa in Drehbänken automatisiert bearbeitet werden kann, der also problemlos das Abheben von kurzen Spänen erlaubt (lange Späne könnten die Maschine blockieren). Das erreicht man zum Beispiel durch einen hohen Anteil an Schwefel oder Phosphor (früher auch mit Blei), die den Stahl gezielt spröde und brüchig machen.

Nitrierstahl

So nennt man extrem verschleißfeste Stähle, etwa für Zahnräder, Nockenwellen und Ventile im Motor. Sie sind meist mit Chrom, Aluminium und Titan legiert. Beim Behandeln der Oberfläche mit Stickstoff bilden diese Metalle extrem harte Nitride (Stickstoffverbindungen), was ihre Verschleißfestigkeit deutlich steigert. Solche Stähle sind wegen der aufwendigen Herstellung allerdings recht teuer.

Vergütungsstahl

Diese Stahlsorten sind für stark beanspruchte Maschinenteile, etwa Achsen, Wellen, Schrauben und Bolzen geeignet, denn sie erreichen durch Vergüten (Abschrecken und Anlassen) besonders hohe Festigkeit. Es sind legierte Stähle mit jeweils auf den Anwendungszweck optimierten Mengen an Legierungsmetallen, etwa Chrom, Nickel und Mangan.

U-Boot-Stahl

Stahlsorten, die unter anderem mit Mangan, Chrom, Nickel und Molybdän legiert sind. Sie widerstehen Meerwasser und reißen bei Druck nicht so leicht ein, sondern verformen sich zunächst nur. Vor allem sind sie völlig unmagnetisch, was U-Boote gegen Ortung mit Magnetsensoren schützt. Auch für Taucheruhren wird dieser Stahl gerne benutzt.

Der Fernsehturm von Auckland in Neuseeland ist mit 328 Metern das höchste Bauwerk seiner Art auf der Südhalbkugel der Erde. Erst hochwertige Baustähle im Verbundwerkstoff Stahlbeton machen solche Bauten möglich. ▶

▲ *Kühlstrecke einer Warmbandstraße. Hier kühlt ein frisch zu Blech ausgewalztes, noch glühendes Stahlblechband ab.*

Gießen, Schmieden, Walzen

Stahl begegnet uns tagtäglich in vielen Anwendungen – und in einer Fülle von Formen. Doch wie entstehen diese Formen eigentlich?

■ Dicke Bleche etwa, aus denen große Schiffe und die mächtigen Tragekästen der Autobahnbrücken zusammengeschweißt werden.
■ Dünnere Bleche, aus denen Dosen, Leitplanken, Autokarosserien und Fassaden bestehen und die auch unverzichtbar in elektrischen Transformatoren und Elektromotoren sind.
■ Träger und andere Stahlprofile, die man in Hochspannungsmasten, Brücken, Fabrikationsanlagen, Bahnhofshallen, Bauten und als Schienen sieht.
■ Rohre jeden Durchmessers, von mächtigen Abluft- und Abwasserrohren über Pipelines bis zu Masten der Straßenschilder, Zaunpfählen und den dünnen Rohren, aus denen Fahrräder gebaut sind.
■ Draht in Form dicker Stahldrähte für Stahlbetonmatten bis zu zarten Nägeln und winzigen Spiralfedern.
■ Schmiedeteile, etwa mächtige Wellen, Zylinder und Kolben von Hochseeschiffsantrieben.
■ Und schließlich jede Menge Kleinteile, von Messer und Schere bis zu den unzähligen Einzelteilen in Maschinen jeder Art.

All diese Produkte entstehen letztlich aus dem flüssigen Stahl, den der Konverter im Stahlwerk erzeugt. Bis sie aber die richtige Form haben, sind viele Arbeitsschritte nötig, und viele unterschiedliche Bearbeitungsverfahren.

Das Stahlwerk erzeugt allerdings nur Halbzeug. So nennt man Rohmaterial aus der Herstellung, das grob vorgeformt ist – es ist »halbfertiges Zeug«. Stähle werden zum Beispiel in Form von Blöcken, Brammen (dicke Platten), Rohren, runden Stangen, Stangen mit eckigen Querschnitten, Profilstangen oder Blechen geliefert, jeweils mit unterschiedlichsten Abmessungen. Die Herstellbetriebe nutzen dann das Halbzeug als Rohmaterial, um ihre jeweiligen Produkte zu fertigen, von der Nähnadel bis zur komplizierten Fertigungsmaschine.

In einer solchen »Coilbox« wird Stahlblech im Zuge des Walzprozesses zwischengelagert und auf gleichmäßig hoher Temperatur gehalten, damit der Stahl nicht durch unterschiedliche Abkühlungsgeschwindigkeiten seine Eigenschaften verändert. ▶

Eine Stranggießanlage produziert ein endloses Band aus Stahl, das während des Abwärtstransports abkühlt und erstarrt und schließlich mit Schneidbrennern in große Quader, sogenannte Brammen, zerschnitten wird. ▼

Aus einem Guss

Ein modernes Stahlwerk erzeugt gewaltige Stahlmengen – pro Stunde bis zu 500 Tonnen! Die flüssige Stahlschmelze muss daher nach der Reinigung zügig weiterverarbeitet werden.

Früher goss man den Stahl in feuerfeste Formen (Kokillen) und ließ ihn dort zu dicken Blöcken oder zu dünneren, rechteckigen »Brammen« erstarren. Das geschieht heute nur noch mit einem geringen Prozentsatz, nämlich zur Herstellung besonders großer Werkstücke. Die weitaus größte Stahlmenge wird heute im Stranggießverfahren weiterverarbeitet. Diese geniale Methode hat nämlich gleich zwei Vorteile: Sie vermeidet weitgehend Gussfehler im Block, die beim Erstarren auftreten – etwa eingeschlossene Gasblasen oder Einsenkungen (Lunker). Und sie kann sehr rasch große Stahlmengen verkraften, weil sie kontinuierlich, also ohne Pause, arbeitet und einen Endlosstrang erzeugt.

▲ *Eine Vielzahl von Rollen führt das zuerst noch teilweise glutflüssige Band aus Stahl in der Stranggießanlage.*

Ein endloses Band aus Stahl

In der Regel besitzt eine Stranggießanlage mehrere Stränge, die gleichzeitig arbeiten. Ein feuerfest ausgekleidetes Verteilerbecken, das aus den Gießpfannen immer wieder nachgefüllt wird, versorgt jeden Strang. Das geschieht unter Luftabschluss, denn der Luftsauerstoff würde sofort mit der heißen Schmelze reagieren.

Der glutflüssige Stahl fließt aus dem Verteiler über einen regelbaren Ausfluss in eine Kupferkokille. Die Wände dieser Kupferform sind wassergekühlt, und eine schwimmende Schlackenschicht schützt die Oberfläche des flüssigen Stahls. Der Stahl nahe der Wände erstarrt relativ schnell. Sie vibrieren daher, damit er nicht anbackt.

Beim ersten Anfahren der Anlage bildet eine Stahlplatte den Boden der Kokille, der Anfahrstrang. Während man die Platte langsam nach unten zieht, nimmt sie den neugebildeten, daran haftenden Stahlkörper mit. Er gleitet langsam in die Tiefe, gehalten und geführt durch zahlreiche Rollen. Vorsichtige Behandlung ist nötig, denn sein Inneres ist noch flüssig. Im gleichen Tempo, wie der Stahl nach unten wandert, wird automatisch oben Stahlschmelze nachgefüllt. Gerade darin liegt der Vorteil dieses Verfahrens: Verunreinigungen haben noch Gelegenheit, in die Schlacke aufzusteigen. Zudem

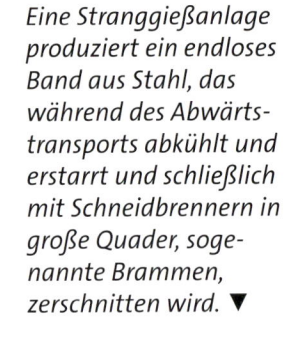

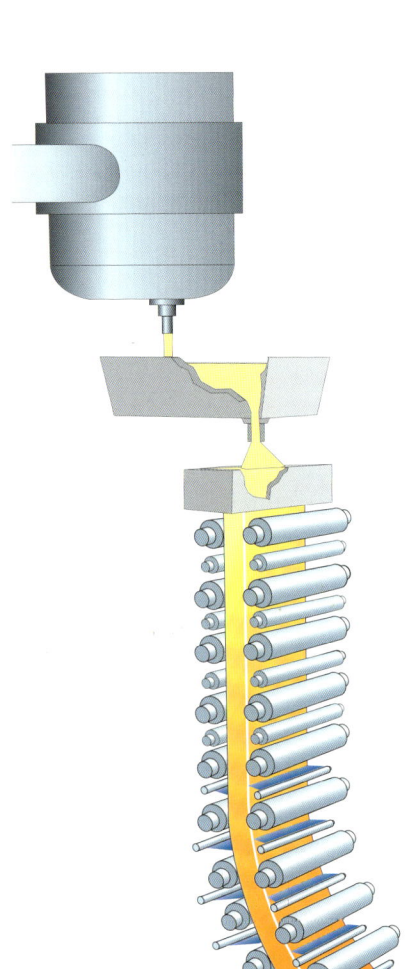

Brammen am Auslauf einer Stranggießanlage. Im Hintergrund erkennt man die heißen Flammen der Schneidbrenner, die jeweils ein Stück mit dem Stahlband mitfahren und es dabei quer zerschneiden. ▶

sorgt die nachlaufende Stahlschmelze dafür, dass sich keine Hohlräume (Lunker) durch den Volumenschwund beim Erstarren bilden.

Einen Anfahrstrang braucht man nur bei der Inbetriebnahme der Stranggießanlage – danach verlässt ein endloser senkrechter Stahlstrang die Kokille. Bei modernen Anlagen bewegt er sich mit ein bis zwei Metern pro Minute – und das wochenlang!

Auf dem Weg nach unten erstarrt der Stahl rasch, denn der Strang wird durch aufgespritztes Wasser oder Luft gekühlt. Die Rollen führen ihn dabei in einem weiten Bogen in die Horizontale. Schließlich, viele Meter von der Kupferkokille entfernt und einige Meter tiefer, ist der Stahl durch und durch fest.

Jetzt wird er in Platten zerschnitten, sogenannte Brammen. Das geschieht durch die heißen Flammen von Schneidbrennern, die jeweils einige Meter mit dem Strang mitfahren, sich dabei quer zur Laufrichtung bewegen und so das Band durchschneiden. Schließlich verlassen rechteckige Brammen, je nach Einstellung von mehreren Metern Länge und bis zu einem viertel Meter Dicke, die Anlage.

Probiere es selbst!

Gießen

■ Ein einfacher Versuch zeigt dir Probleme, mit denen Stahlwerker beim Guss zu kämpfen haben. Statt an flüssigem Stahl untersuchst du sie allerdings besser an Kerzenwachs.

■ Entferne das Wachsteil aus einem Teelicht, so dass du den leeren Becher behältst. Fülle außerdem einen tiefen Teller 1 cm hoch mit kaltem Wasser.

■ Halte mithilfe einer Zange ein zweites Teelicht so lange in heißes Wasser, bis das Wachs geschmolzen ist. Gieße dann das geschmolzene Wachs in das leere Schälchen, stelle dieses ins kalte Wasser auf dem Teller und lasse es erstarren.

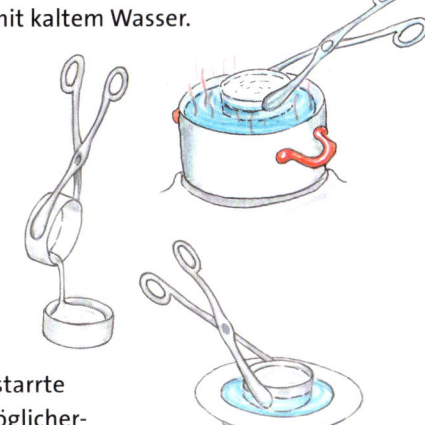

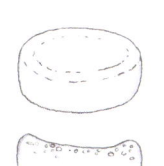

■ Schaue dir das erstarrte Wachs genau an. Möglicherweise findest du nahe der Oberfläche Gasbläschen, und auf jeden Fall ist die Mitte gegenüber dem Randbereich eingesunken. Diese Einsenkung nennt man Lunker. Grund dafür ist die Volumenminderung beim Erstarren. Du bekommst also keine glatte, ungestörte Oberfläche – und ebenso ist es, wenn man Stahl zu einem Block vergießt.

▲ *Kokillenguss: Stahl wird in große Formen gegossen und erstarrt darin zu großen Blöcken.*

Dieses Laufrad einer Pelton-Turbine ist bei Stahlguss Gröditz gegossen worden. ▼

Heiße Güsse

Nicht immer sind dicke Brammen erwünscht. Wenn zum Beispiel dünnere Platten oder gar Bleche gebraucht werden, kann man den Stahl auch direkt zu einem dünnen Band vergießen. Beim Dünnbrammengießen zum Beispiel lässt man die Stahlschmelze aus einer trichterförmigen Kokille laufen, so dass ein dünneres Endlosband entsteht. Die nur einige Zentimeter dicken Brammen lassen sich dann zum Beispiel zu millimeterdünnen Blechstreifen auswalzen.

Ein anderes Verfahren arbeitet mit zwei gegeneinander laufenden wassergekühlten Kupferrollen in geringem Abstand. Der Raum oberhalb der engsten Stelle ist zur Seite hin abgedichtet und wird mit Stahlschmelze gefüllt. Sie läuft in dünner Schicht zwischen den Rollen hindurch und erstarrt dabei zu einem Stahlblechband.

Werkstücke mit komplizierten Formen lassen sich, ähnlich wie bei Gusseisen, auch durch Formguss herstellen. Allerdings nutzt man diese Möglichkeit nur, wenn die Festigkeit von Gusseisen nicht ausreicht und man Wert auf die besseren Eigenschaften von Stahl legt. Denn Stahl wird erst bei deutlich höherer Temperatur flüssig, verläuft schlechter in der Form und zieht sich beim Erstarren deutlich stärker zusammen. Zudem erfordern die Stücke eine nachträgliche Wärmebehandlung, um ihre Sprödigkeit zu mindern. Im Prinzip lassen sich die meisten Stahlsorten vergießen, meist nutzt man aber spezielle unlegierte oder legierte Stahlgusssorten, die für den Guss optimiert wurden. Heute kann man Stahlgussstücke im Gewicht von Dutzenden von Tonnen herstellen.

Stahl im Walzentakt

In der Regel wandern die Brammen gleich weiter ins Walzwerk, dessen oft hunderte Meter lange Hallen meist auf dem Werksgelände des Stahlwerks angesiedelt sind. Dort werden sie zu Blechen oder anderen Formen ausgewalzt.

Vor dem Walzen muss man den Stahl zunächst in speziellen Öfen auf helle Rotglut aufheizen. Denn erwärmte Stoffe lassen sich in der Regel besser und williger formen – was man mit einem Stück Kerzenwachs leicht nachprüfen kann.

Die rotglühende Bramme wird dann vom Leitstand aus mittels elektrisch angetriebener Stahlrollen durch die Walzstraße bewegt. Regelmäßig vor dem Walzen schießen dabei Wasserstrahlen mit gewaltigem Druck schräg auf sie herab. Sie entfernen den Zunder, also oberflächlich entstandene Eisen-Sauerstoff-Verbindungen, damit die Zunderteilchen nicht in die Stahloberfläche gepresst werden.

Zunächst passiert die Bramme das Vorgerüst. Es besteht aus insgesamt vier Walzen: zwei mächtige glatte Arbeitswalzen, die mit ungeheurer Kraft von oben und unten drücken, während die Bramme hindurchgeführt wird, und zwei noch größere Stützwalzen, die von außen her die Arbeitswalzen halten und unterstützen, damit sie sich nicht durchbiegen. Jede dieser Walzen wiegt viele Tonnen, und ihre Achsen sind mehrere Dezimeter dick. Bewegt werden sie von mächtigen Elektromotoren und Getrieben, und für den Anpressdruck sorgen hydraulische Druckstempel.

Mit Hilfe der Stahlrollen bewegt man die Bramme nun mehrfach durch das Vorgerüst hin und her. Dabei wird sie nach und nach länger und dünner, denn nach jedem Durchgang werden die Walzen etwas enger gestellt.

Das Walzen der Brammen ist ein eindrucksvolles Schauspiel. Denn so harmlos eine Bramme aus der Entfernung aussieht, wiegt sie doch Dutzende von Tonnen. Wenn die rotglühende »Matratze« rumpelnd über die Stahlrollen bewegt und durch die Walzen getrieben wird, bebt jedes Mal die Umgebung. Noch in vielen Metern Distanz spürt man die ausgestrahlte

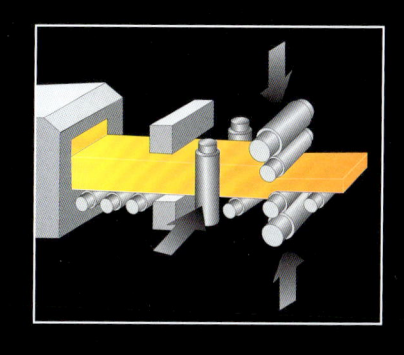

▲ *Schema eines Vorgerüsts: Die auf Transportrollen laufende Bramme passiert die Hochdruck-Zunderentferner (graue Kästen) und dann die horizontalen Walzen, die den Stahl zusammenpressen.*

Vorgerüst eines Walzwerks: Die glühende Bramme fährt mehrfach unter den Walzen hindurch und wird dabei immer dünner. Hochdruck-Wasserstrahlen befreien sie vor jedem Walzgang von Zunder. ▼

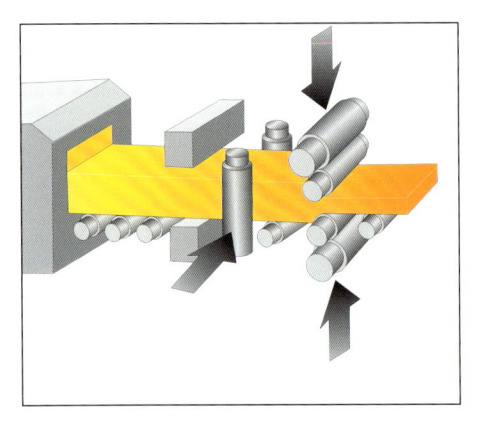

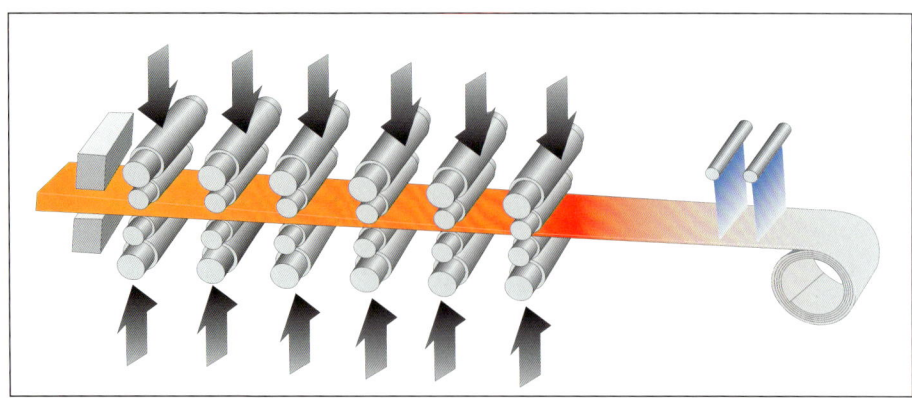

▲ *Schema eines Walzwerks: Nachdem die Bramme mehrmals durchs Vorgerüst hin und her gefahren wurde und erheblich an Dicke verloren hat, durchfährt sie eine Walzstraße aus zahlreichen Walzen und wird dabei immer dünner und länger. Schließlich wird das entstandene Stahlblech mit Wasserstrahlen abgekühlt und aufgewickelt. Die Pfeile deuten die wirkende Druckkraft an.*

Hitze. Und die Zunderwäsche geht mit ohrenbetäubendem Zischen und mächtiger Dampfentwicklung einher.

Walzen ist ein sehr vielseitiges Verfahren. Je nach Art der Walzen, die der Stahl nacheinander durchläuft, kann man zum Beispiel Bleche und Platten unterschiedlicher Dicke, Eisenbahnschienen, runde oder eckige Stangen, große Stahlträger mit T-, H-, I- oder U-Profilen, Stäbe mit unterschiedlichen Querschnittformen und Walzdraht erzeugen.

Flache Brammen werden oft weiter zu Blechen ausgewalzt. Das geschieht meist bei Temperaturen von etwa 800 bis 1300 Grad Celsius, weshalb man diesen Prozess »Warmwalzen« nennt. Bei hoher Temperatur lässt sich der Stahl besonders gut verformen – eine Bramme von 30 Zentimetern Dicke zum Beispiel zu Blech von nur etwa 1 Millimeter Stärke auswalzen.

Die heiße Bramme durchläuft dazu eine sogenannte Warmbreitbandstraße. Sie wird zunächst wieder mit Hochdruck-Wasserstrahlen entzundert und dann durch eine Serie von Walzen geführt, die sie mit hohem Druck zu immer feinerem Blech auswalzen. Das Stahlband wird dabei natürlich nicht nur dünner, sondern auch länger. Daher nimmt seine Geschwindigkeit von etwa 1,5 Meter pro Sekunde im ersten Walzensatz auf nahezu 20 Meter pro Sekunde im letzten Walzensatz zu. Am Ende schließlich wird das Band abgekühlt und zu einer Spule (im Fachjargon Coil genannt) aufgewickelt.

In der Schmiede

Das Schmieden ist die weitaus älteste Methode, heißem Eisen die gewünschte Form zu geben. Das hat sich sogar in der Sprache niedergeschlagen, in Redensarten wie »ein heißes Eisen anpacken«, »Jeder ist seines Glückes Schmied«, »Pläne schmieden« oder

▲ *Ein Walzenstuhl, hier als eine Art Denkmal aufgestellt, besteht aus vier Walzen: Ober- und Unterwalze sowie die beiden dicken Stützwalzen, die hauptsächlich den Druck erzeugen.*

»Man muss das Eisen schmieden solange es heiß ist«.

Heute arbeiten noch einige Kunstschmiede. Im Handbetrieb, mit Hammer, Zange und Amboss, schmieden sie aus dem im Kohlenfeuer der Esse erhitzten Eisen hübsch gestaltete Zäune oder Fenstergitter. Aber auch in der Industrie ist das Schmieden ein bedeutender Produktionszweig.

Ähnlich wie beim Walzen wird zum Schmieden das Metall zunächst kräftig erhitzt, aber nicht bis zum Schmelzpunkt. Zur Bearbeitung stehen dann Schmiedehämmer zur Verfügung, die mit Dampfkraft oder Druckluft betrieben werden. Exakter freilich arbeiten hydraulische Schmiedepressen, die gewaltige Drücke ausüben können und den Stahl in die gewünschte Form pressen, stauchen oder recken.

Gepresst und gehämmert

Wenn man bestimmte, sonst schlecht erzeugbare Werkstückformen braucht, wählt man das »Gesenkschmieden«. Bei diesem Verfahren wird das Werkstück während der Bearbeitung durch Schmiedehammer oder Schmiedepresse vollständig von einer speziell angefertigten Negativform, dem »Gesenk«, umschlossen. Es nimmt genau die Form des Hohlraums in diesem Werkzeug an. So entstehen Werkstücke mit exakt gleichen Abmessungen, zum Beispiel Zahnräder, Kurbel- und Pleuelwellen von Automotoren, Getriebeteile von Fahrzeugen und Bauteile von unterschiedlichsten Maschinen.

Das Pressen verbessert die Materialeigenschaften und macht die Bauteile widerstandsfähig. Nachteil ist freilich, dass man das Gesenk zuvor aufwendig herstellen muss. Dieses Verfahren lohnt sich also nur für Teile, die in großen Stückzahlen gefertigt werden.

Besonders große, bis mehrere hundert Tonnen schwere Werk-

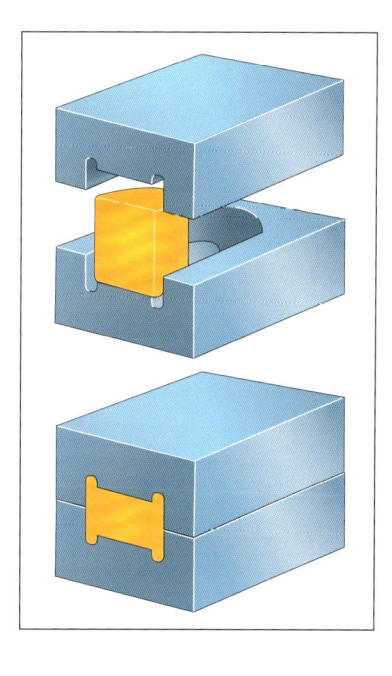

▲ *Diese Flansche (Verbindungsteile von Rohren) wurden durch Pressen des Stahls in einer Form hergestellt, also durch Gesenkschmieden.*

◄ *Das Prinzip des Gesenkschmiedens: Der Stahl nimmt beim Pressen die Form des Hohlraums an.*

stücke wie zum Beispiel Kurbel- oder Schraubenwellen von Schiffsdieseln, Teile mächtiger Turbinen, Walzen oder große Ringe werden industriell durch »Freiformschmieden« hergestellt. Dafür ist keine Negativform erforderlich. Rohmaterial sind meist gegossene Stahlblöcke von bis zu 500 Tonnen Gewicht. Sie werden zunächst langsam in mehreren Schritten auf die nötige Schmiedetemperatur von rund 1200 Grad Celsius erwärmt und dann mit Hämmern oder Schmiedepressen bearbeitet.

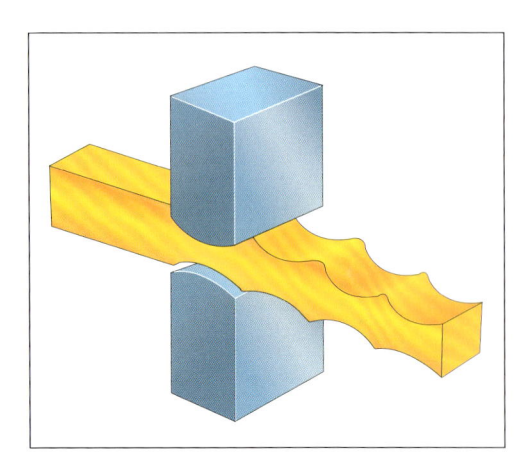

▲ *Prinzip des Freiformschmiedens: Zwischen den Backen der Schmiedepresse oder zwischen Hammer und Amboss bekommt das Werkstück seine Form.*

Damit die Umformung gleichmäßig geschieht und etwaige Unregelmäßigkeiten aus dem Guss verschwinden, drehen und wenden mächtige Manipulatoren das Stück dabei mehrfach hin und her. Dabei wird der Stahl in gewünschter Weise teils gestaucht, teils gestreckt. Beim Hämmern geschieht das stoßartig, nämlich jedes Mal, wenn der viele Tonnen schwere Hammerbär (so nennt man den Fall-

◀ *Ein Kran hat ein tonnenschweres Stahlgussteil gefasst (oben) und führt es horizontal zwischen die Backen der mächtigen Schmiedepresse (unten) der Saarschmiede in Völklingen.*

block eines Schmiedehammers) das auf der Unterlage (der »Schabotte«) liegende Werkstück trifft. Schmiedepressen dagegen verformen das zwischen ihrem Untersattel und ihrem Obersattel liegende Werkstück ruhiger und gleichmäßiger, aber mit unwiderstehlicher Kraft: Moderne Pressen können so viel Kraft erzeugen, als ob auf dem Schmiedestück ein Gewicht von 30 000 Tonnen ruht – das entspricht etwa dem Gewicht von rund 400 schweren Lokomotiven.

Die gewaltsame Verformung verändert natürlich die mechanischen Eigenschaften des Stahls. Daher schließt sich in aller Regel eine Wärmebehandlung an, mit der die gewünschte Härte oder Zähigkeit eingestellt wird. Komplizierte Profilformen werden durch Strangpressen erzeugt. Dazu wird ein Stahlblock bei hoher Temperatur mit einem Pressstempel kräftig unter Druck gesetzt. Er treibt den Stahl durch eine Öffnung mit bestimmtem Profil, so dass ein entsprechend geformter Stahlstrang entsteht. Mit dieser Methode lassen sich auch Hohlprofile unterschiedlichster Art fertigen.

◀ Nach der rauen mechanischen Behandlung erhält der Stahl im Glühofen die gewünschten Eigenschaften.

◀ Die drei Walzen bringen ein Stahlband in die gewünschte Profilform. Mit entsprechenden Walzen kann man unterschiedlichste Profile herstellen.

81

Rohre mit und ohne Naht

Rohre aus Stahl braucht man in unterschiedlichen Größen. Große dünnwandige Rohre stellt man meist aus Blechstreifen her, die rohrförmig zusammengebogen und dann an der Naht verschweißt werden. Kleine und dickwandige Rohre kann man auch nahtlos ziehen.

Ein Rundblock aus Stahl wird mit gewaltigem Druck zwischen zwei schräg stehenden Walzen hindurch gegen einen Lochdorn getrieben. Während der Rundblock vorwärts wandert, drückt sich der Lochdorn in ihn hinein und weitet ihn zu einem Rohr auf.

Sehr große Rohre, Hohlwellen und Ringe zum Beispiel für Schiffbau oder Eisenbahnräder werden bisweilen im Schleudergussverfahren hergestellt: In eine rotierende Form fließt eine bestimmte Menge Stahlschmelze. Die Fliehkraft presst den Stahl an die Innenwand der Form, wo er erstarrt.

Trennen und Schweißen

In Filmen sieht man bisweilen Safeknacker, die mit einer heißen Flamme einen Geldschrank auftrennen. Dieses Werkzeug ist ein Trennschneider. Im Stahlwerk dient er zum Abtrennen der Brammen. Er nutzt den Umstand, dass reiner Sauerstoff rotglühenden Stahl verbrennt. Die heiße Gasflamme erhitzt den Stahl. In die Flamme ragt ein weiteres Rohr, durch das reiner Sauerstoff auf das heiße Eisen trifft. Er verbrennt das Metall sehr rasch zu weichen Eisenoxiden, die der Gasdruck wegbläst.

▲ *Die über 3000 Grad Celsius heißen Flammen von Schneidbrennern trennen selbst dicke Stahlstücke durch.*

Probiere es selbst!

Schweißen

■ Nicht nur Eisen lässt sich schweißen – auch Wachsstücke kannst du so verbinden.

■ Nimm aus zwei Teelichtern die Wachsteile heraus. Zünde zwei weitere Teelichter an und halte über jedes die Unterseite eines der Wachsteile, so dass auf der gesamten Fläche ein bisschen Wachs schmilzt.

■ Drücke dann die beiden Unterseiten sofort fest zusammen und halte sie unbeweglich, bis sie abgekühlt sind. Wenn du sorgfältig gearbeitet hast, sind sie jetzt fest verbunden.

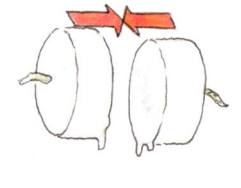

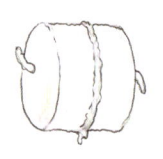

■ *Beim Schweißen werden mehrere Stahlteile durch flüssiges Metall verbunden.*

Kräftig erhitzt wird das Metall auch beim Schweißen. Denn je wärmer es ist, und desto mehr Druck man ausübt, desto besser lassen sich zwei Teile untrennbar miteinander verbinden. Schmiede erhitzen das Metall oft nur auf Rotglut, legen die Teile übereinander und verbinden sie durch kräftiges Hämmern. Bei Weißglut muss man sie dagegen nur aneinander drücken, um eine haltbare Verbindung zu schaffen.

Es gibt Dutzende von Schweißverfahren, die sich unter anderem durch die Art der Erhitzung unterscheiden – zum Beispiel durch heiße Gasflammen oder durch starke elektrische Ströme. Wenn die Berührungsflächen nicht groß genug sind, verstärkt man sie durch Metallwülste, die mithilfe von Schweißdrähten erzeugt werden.

Spanabhebende Bearbeitung

Wo gehobelt wird, da fallen Späne, und beim Feilen, Bohren, Fräsen ist es ebenso. Man nennt diese Verfahren daher spanabhebend – anders als etwa beim Walzen verliert das Werkstück hier einen Teil seines Materials. Mit der Feile aus gehärtetem Stahl holt man Spänchen für Spänchen vom Werkstück herunter, bis es die richtigen Größe und Form hat. Ein Bohrer frisst Löcher, indem er beim Drehen Späne abschabt und sie im Bohrloch emporschiebt. Beim Schleifen holen Schleifscheibe oder Schleifpapier kleinste Spänchen herunter, beim Sägen reißen die Sägezähne Späne heraus, während ein Meißel gleich größere Stücke abtrennt.

Zahllose Bauteile in Geräten und Maschinen sind durch Drehen auf der Drehbank oder durch Fräsen entstanden. Der Dreher spannt das Werkstück in seine Drehbank, und während es rotiert, gräbt sich ein Meißel aus härtestem Stahl hinein und hebt Späne ab. Diese Methode ist also vor allem für runde Werkstücke geeignet.

In der Fräsmaschine hingegen dreht sich ein runder Meißel, während das Werkstück fest eingespannt ist. Auf diese Art lassen sich Teile jeder Grundform bearbeiten – man kann zum Beispiel Zahnräder aus Metallscheiben fräsen, Nuten in Metallschienen oder Gewinde in Metallstangen. Moderne computergesteuerte Fräsen kennen in dieser Hinsicht kaum Grenzen.

Probiere es selbst!
Weißblech-Korrosion

■ Wie gut die Zinnschicht das Blech vor dem Angriff etwa der Stoffe in den Nahrungsmitteln schützt, kannst du leicht feststellen.

■ Öffne eine Dose mit Ananas und leere sie aus. Kratze zum Beispiel mit einem Schraubendreher mehrfach in die Doseninnenseite sowie in den Dosendeckel.

■ Fülle die Dose etwa halbhoch mit verdünntem Ananassaft (den Rest kannst du essen). Stelle den Deckel in eine Tasse, die du halb mit Wasser und etwas Kochsalz füllst.

■ Nach einigen Tagen haben sich die Kratzer in der Dose zu grauen Streifen entwickelt, weil das Eisen vom Saft angegriffen wurde, und der Deckel zeigt braune Roststreifen. Bewahre daher Nahrungsmittel nie in geöffneten Dosen auf – schon das Öffnen hat die Schutzschicht verletzt.

Kaltgepresster Stahl

Bleche für Autos und Konservendosen werden meist aus kaltem, also nicht vorher aufgeheiztem Stahl gewalzt. Denn dieses »Kaltumformen« braucht zwar deutlich höhere Druckkräfte zum Verformen des Stahls, erzielt aber höhere Maßgenauigkeit, glattere Oberflächen und macht den Stahl zudem durch die Beanspruchung fester. In der Regel schickt man den Stahl in endlosem Band durch eine Folge von Walzen, die ihn zu immer dünneren Blechen auswalzen. Jedes Walzengerüst besteht auch hier aus zwei Arbeitswalzen und zwei Stützwalzen. Eine anschließende Wärmebehandlung stellt die gewünschten Härte- und Festigkeitseigenschaften her.

Alles für die Dose

Moderne Blechhersteller können aber noch weit mehr. So werden Bleche, die für Konservendosen bestimmt sind, in weiteren Arbeitsschritten verzinnt. Das Metall Zinn ist chemisch widerstandsfähiger als Eisen. Das Stahlband läuft zunächst durch mehrere Bäder, die die Stahloberfläche vorbehandeln und dann durch ein Bad, das eine dünne Schicht aus Zinn darauf abscheidet. Anschließend schmilzt eine Wärmebehandlung das Zinn zu einer dichten, glänzenden, gut haftenden Schutzschicht zusammen. Das Zinn schützt den Stahl vor Korrosion, also dem Angriff chemischer Substanzen. Man nennt verzinntes Blech »Weißblech«.

Früher verzinnte man Konservendosenblech beidseitig und klebte dann auf die Dosen Papieretiketten. Heute dagegen werden meist einseitig lackierte Bleche verarbeitet, auf die dann Angaben zum

Inhalt und sogar farbige Abbildungen aufgedruckt werden können. In einer Lackblechstraße durchläuft das Blechband eine Lackieranlage, in der der farbige Lack während des Durchlaufs in gleichmäßig dünner Schicht aufgesprüht wird. Eine anschließende Warmtrocknung bei etwa 200 Grad Celsius sorgt dafür, dass er trocknet und fest haftet, damit er auch beim Biegen des Blechs nicht abplatzt. Schließlich wird das Blech zu mächtigen Rollen aufgewickelt und zum Kunden geschickt.

Autobleche mit kleinen Tricks

Ein großer Teil der erzeugten Stahlbleche wandert heute in die Autofabriken und wird zu Karosserien verarbeitet. Auch hier hat die moderne Fertigungstechnik erstaunliche Erfolge aufzuweisen.

So sind nicht alle Teile der Karosserie gleichen Beanspruchungen ausgesetzt – manche müssen mehr tragen oder gegen Aufprallunfälle stabiler sein als andere Stellen. Zudem sind die Sicherheitsanforderungen in den letzten Jahren stark angestiegen. Früher hat man daher die Karosserie aus vielen unterschiedlich widerstandsfähigen Teilen zusammengesetzt. Heute kann der Konstrukteur einen eleganteren Weg gehen: mit Hilfe vorgefertigter Bleche, die an bestimmten Stellen unterschiedliche, genau einstellbare Eigenschaften haben. Dank ihnen kann man etwa stark beanspruchte Bereiche fester oder dicker gestalten, andere weniger beanspruchte dünner, und so Gewicht einsparen. Zudem reduziert sich die Anzahl der Teile, was ebenfalls Gewicht spart und die Fertigung billiger macht. Diese Bleche werden schon beim Walzen entsprechend bearbeitet: Während das Blech durch die Walzen läuft, regelt ein Computer blitzschnell den Walzendruck, so dass bestimmte Stellen dünner werden, andere dicker bleiben.

▲ *Stabil, leicht und rostgeschützt: modernes Autoblech*

Stahl mit Profil

Im Baumarkt oder bei Metallhändlern kann man Stahlblech-Profile in einer Vielzahl von Formen und Größen finden, die für ganz unterschiedliche Zwecke eingesetzt werden – etwa im Bau oder zur Herstellung von Maschinen. Sie werden meist aus dünnen Endlosblechen erzeugt.

Die Bleche laufen durch verschiedene Rollensysteme, die sie in die gewünschte Form drücken, an der richtigen Stelle biegen, Ränder abschneiden, bis schließlich die gewünschte Profilform erreicht ist.

Stahl auf Draht

Stahl stellt man sich meist als dicke Platte oder dünnes Blech vor. Aber fast ebenso wichtig ist Stahl in Drahtform. Jeder von uns hatte damit schon zu tun. Büroklammern bestehen daraus ebenso wie die Federn im Auto oder in der Matratze. Die Speichen im Fahrrad sind aus Stahldraht gefertigt, der Einkaufswagen im Supermarkt, die Nähnadeln und die Drahtstifte (Nägel) zum Aufhängen von Bildern. Feinere Stahldrähte nutzt man als Saiten in Klavier und Gitarre und Geige. Hängebrücken, Seilbahnkabinen und Hochspannungskabel hängen an kilometerlangen Stahlseilen, die aus unzähligen feinen Stahldrähten zusammengesponnen sind. Im Stahlbeton von Hochhäusern, Staudämmen, Autobahnen, Brücken, Tunneln sorgen aus Stahldraht zusammengeschweißte Matten für die nötige Stabilität, und der Autoreifen verdankt seine Widerstandsfähigkeit Geflechten aus feinsten Stahldrähten, jeder nur gut ein Zehntel Millimeter dick, die ins Gummi eingearbeitet sind.

Kräftiger Zug

Das Drahtziehen aus Stahl ist eine alte Kunst. Im Mittelalter etwa wurden die Kettenhemden der Ritter aus zahllosen verschlungenen Drahtringen zusammensetzt, deren Draht man durch Ausziehen von Eisenstangen durch immer kleinere Löcher herstellte. Im Prinzip wird Draht auch heute noch ähnlich gefertigt.

Im Stahlwerk wird der Stahl zunächst zu Dicken von einigen Millimetern bis einigen Zentimetern Durchmesser ausgewalzt und in Windungen (»coils«) aufgewickelt. Die weitere Verarbeitung übernehmen Ziehereien. Sie ziehen den Draht durch immer feinere Löcher in Ziehsteinen aus hartem Metall oder sogar Diamanten. Dazu ist natürlich eine hohe Zugkraft nötig, auch wenn beigefügte Schmiermittel die Arbeit erleichtern. Im Mittelalter setzte man dafür Wasserkraft ein, heute Elektromotoren. Dafür steigt durch das Ziehen aber auch die Festigkeit des Materials.

Die Weite des letzten Loches bestimmt den Durchmesser des Drahtes – er

Drahtherstellung bei der Firma Saarstahl. Stahldraht wird für eine Vielzahl von Anwendungen gebraucht. ▼

kann, wenn gewünscht, Bruchteile eines Millimeters betragen. Durch entsprechende Formgebung der Ziehsteinlöcher kann man außer runden natürlich auch zum Beispiel ovale oder mehreckige Drähte herstellen. Das geschieht heute in unglaublichem Tempo: Der Stahldraht saust mit Rennwagengeschwindigkeit durch die Zieheinrichtungen!

Draht jeder Art

Durch Wahl der Stahlsorte und gezielte Wärme-Behandlung nach dem Durchlaufen aller Ziehsteine kann man die Eigenschaften des Drahtes verändern und etwa besonders reißfeste und korrosionsbeständige Drähte für Stahlseile, besonders elastischen Draht für Spiralfedern, extrem widerstandsfähige und ermüdungsfreie Sorten für Ventilfedern in Motoren, besonders biegsamen Eisendraht für die Blumenbinderei oder besonders harte Drahtsorten für Stahlnägel erzeugen. Der Gesamtbedarf an Draht ist heute enorm. Allein Deutschland werden jährlich mehrere Millionen Tonnen Draht verarbeitet, teils dickerer Walzdraht, teils dünnerer gezogener Draht.

Bei modernen Schrägseilbrücken hängt die Fahrbahn an kräftigen Seilen aus besonders zugfestem Stahl, die wiederum von mächtigen Pfeilern getragen werden. ▶

▲ *Die vielfältigen Anwendungen von Stahlblech, hier Edelstahl-Präzisionsband, erfordern eine ständige sorgfältige Qualitätskontrolle.*

Schutz gegen Angriffe

Eisen und Stahl sind nun einmal empfindlich gegen chemische Angriffe, etwa durch Luftsauerstoff, Wasser, Säuren oder andere Stoffe. Zwar kann man auf rostfreie Stähle zurückgreifen, aber sie sind nicht billig und zudem nicht für alle Anwendungen geeignet. Daher wurde im Laufe der Jahre eine Fülle von Rostschutzverfahren entwickelt.

Eine Möglichkeit ist das Überdecken des Eisens mit anderen Metallen. Während das Konservendosenblech unter Zinn geschützt ist, bewahrt man Dachrinnen, Zaunteile oder Stahlträger mit einer dünnen Zinkschicht vor Rost. Man taucht sie kurz in geschmolzenes Zink von etwa 450 Grad Celsius – dieses »Feuerverzinken« ergibt eine festhaftende Schutzschicht. Aufwendiger, aber sehr wirksam ist auch das Aufwalzen dünner Bleche aus anderen Metallen auf das Stahlblech, das sogenannte Plattieren.

Auch dichte Farb- oder Kunststoffüberzüge halten Sauerstoff und Feuchtigkeit vom Eisen fern. Einst strich man das Eisen mit roter Mennigefarbe ein, aber diese bleihaltige Farbe ist inzwischen verboten.

Heute spritzt man Schutzüberzüge schon bei der Herstellung auf das sorgfältig gereinigte Blech auf und fixiert sie im Trockenofen bei etwa 200 Grad Celsius. Sie sind in allen Farben zu haben. Bleche mit farbigem Schutzlack sind sehr ansehnlich und eignen sich, weil wetterfest, zum Beispiel gut für Fassaden. Speziell Weißblech für Verpackungen wird oft einseitig oder beidseitig mit Kunststofffolie beschichtet, je nach Kundenwunsch farbig oder bedruckt mit Texten und Bildern. Wer sich im Supermarkt umschaut, findet viele Beispiele für Lebensmittelverpackungen dieser Art.

Kommt es auf das Aussehen weniger an, tun es auch chemisch erzeugte Schutzschichten durch Rostschutzmittel.

Bekannt von Haushaltswaren und Straßenschildern sind Emailüberzüge. Email ist ein undurchsichtiges Glas, das bei Temperaturen zwischen 700 und 1300 Grad auf das Metall aufgeschmolzen wird. Die Schicht ist nur Bruchteile eines Millimeters dünn – und gerade deshalb, obwohl aus Glas, erstaunlich stabil gegen Stoß und Verbiegen.

Probiere es selbst!

Rostschutz

■ Lege sechs eiserne Nägel auf einen Teller mit feuchtem Küchenpapier und decke sie mit einem Teller zu. Zwei der Nägel reibst du zuvor vollständig mit Butterfett ein, zwei weitere überziehst du mit einer Wachsschicht durch Eintauchen in geschmolzenes Kerzenwachs, die letzten beiden bleiben unbehandelt.

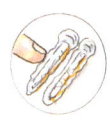

■ Vergleiche nach einer Woche das Aussehen der Nägel. Die Schutzschichten, die Luftsauerstoff und Feuchtigkeit fernhalten, verhindern wirksam den Rostansatz.

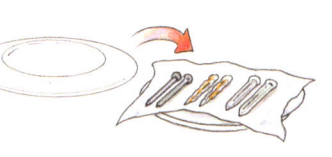

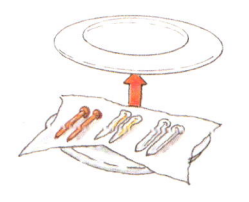

Materialermüdung

Wenn man einen Metalldraht mehrfach kräftig hin und her biegt, bricht er schließlich. Der Grund sind Kristallbaufehler, die durch das Biegen entstehen und sich nach und nach zu Rissen vergrößern. Aber auch durch wechselnde Lasten kann Materialermüdung auftreten.

So brachen frühe Stahlketten aus zunächst unerklärlicher Ursache genau dort, wo sich die Kettenglieder berührten. Auch Eisenbahnräder und -schienen machten anfangs Probleme, bevor man dieses Phänomen erforscht hatte.

Heute achtet man bei Werkstücken, die solchen Belastungen ausgesetzt sind, sehr genau auf Rissbildung und nutzt von vornherein möglichst ermüdungsfeste Stahlsorten. Es gibt für diese Sorten genaue Grenzwertangaben der Festigkeit bei entsprechenden Temperaturbereichen und bei unterschiedlichen Beanspruchungen, etwa Schwingung, Verdrehung oder wechselnde Belastung auf Zug, so dass sich der Konstrukteur das Geeignete aussuchen kann.

Eine Welt voller Stahl

Seit Jahrtausenden prägen und verändern Eisen und Stahl die Welt. Zum Teil geschah das in kriegerischer Weise durch stählerne Waffen – vom Schwert bis zum Panzerschiff. Aber besonders seit Mitte des 18. Jahrhunderts tragen Eisen und Stahl massiv zu Fortschritt und Wohlstand bei. Stählerne Produkte haben seither die Welt in zuvor nie gekanntem Ausmaß verändert – erste Dampfmaschinen, Eisenbahn, stählerne Schiffe und Bauwerke und heute Autos, Schnellzüge, Hochhäuser, Kräne und Container. Dieses Kapitel beleuchtet einige moderne Stahlanwendungen – ohne Anspruch auf Vollständigkeit, denn eine Gesamtbeschreibung aller Stahlanwendungen würde eine Bibliothek füllen ...

Auf Schienen unterwegs

Sie heißt nicht ohne Grund Eisen-Bahn: Seit fast 200 Jahren rollen eiserne Lokomotiven und Waggons auf eisernen Schienen. Im 19. Jahrhundert halfen sie, die Kontinente zu erschließen – Menschen, die zuvor kaum aus ihrem Dorf gekommen waren, reisten nun bequem durchs Land, und auch die Warenströme vervielfachten sich dank des billigen und schnellen Transports.

Auch heute noch ist die Eisenbahn hochmodern und zukunftsweisend, ist sie doch eines der umweltfreundlichsten Transportmittel. Die Länge der Schienennetze wuchs von Beginn an stetig: von 332 km um 1830 auf 443 000 km um 1883 auf weltweit 1,1 Millionen Kilometer heute. Das bedeutet aber auch, dass allein im Bahnschienennetz weltweit über 100 Millionen Tonnen Stahl stecken! Und Schienen sind nicht einfache Stahlbalken: Sie werden aus hochwertigem Stahl gewalzt, wozu etwa 10 Walzgänge nötig sind, und dann die Lauffläche zusätzlich gehärtet, um sie möglichst verschleißfest zu machen. Noch höhere Anforderungen müssen die Räder erfüllen, zumal bei den modernen Hochgeschwindigkeitszügen wie ICE und TGV, die mit mehr als 400 Stundenkilometern über die Schienen brausen können. Sie bestehen aus zähem, besonders verschleißfestem Stahl.

▲ *Die berühmte Schwebebahn in Wuppertal. Tragbrücke, Schienen, Räder, Antrieb, die Fahrzeuge selbst – alles besteht vor allem aus Stahl.*

Die Eisenbahn hat ihren Namen nicht umsonst: Schon die Dampfloks bestanden vor allem aus Stahl, und sie rollen auf stählernen Schienen. ▶

Der Bohrkopf einer Tunnelbohrmaschine enthält Dutzende von Rollenmeißeln aus extrem widerstandsfähigem Stahl. ▶

Das 345 Meter lange Kreuzfahrtschiff Queen Mary 2. Der Rumpf besteht aus bis zu 3 Zentimeter dicken Stahlplatten. ▶

Untertage durch die Alpen

Stahl bahnt Wege durchs Gebirge. Der Gotthard-Basistunnel in der Schweiz zum Beispiel hat mit zwei 57 Kilometer langen Röhren einen neuen Rekord aufgestellt. Solche Basistunnel bieten den Vorteil, dass die Züge sich nicht mehr mühsam hoch auf den Pass schrauben müssen, sondern in Talniveau durch die Berge sausen können.

Sie werden großteils mit gewaltigen Tunnelbohrmaschinen erstellt. Unter dem Gotthard etwa fraß sich eine 410 Meter lange Maschine im Gewicht von über 3000 Tonnen durchs Gestein. Die eigentliche Fräsarbeit erledigten 58 Rollenmeißel. Das sind rotierende runde Scheiben aus extrem hartem und verschleißfestem Stahl und Hartstoffen wie Wolframcarbid, die der Bohrkopf mit einer Kraft gegen den Fels drückt, die 25 000 Kilogramm Gewicht entspricht: Da zerspringt auch härtester Fels.

Wege übers Meer

Seit etwa 1850 baut man Schiffe aus Stahl. Erst dieser Werkstoff machte »Ozeanriesen« möglich. Eines der ersten stählernen Riesen war die 1858 gebaute »Great Eastern«. Sie war mit 211 Metern Länge jahrzehntelang das bei weitem größte Schiff der Erde und verlegte das erste funktionierende Telegrafenkabel durch den Atlantik.

Berühmter noch ist die 1912 in Dienst gestellte »Titanic«, vor allem freilich wegen ihres katastrophalen Endes.

Stahl als Transporthelfer: Stählerne Container auf einem Schiff aus Stahl

Heute würde die Titanic mit ihren 260 Meter Länge und 50 000 Tonnen Verdrängung klein wirken gegenüber einem modernen Tanker. Manche dieser »Riesen der Meere« können bis zu 500 000 Tonnen Öl laden und sind über 400 Meter lang. Ähnliche Ausmaße haben moderne Containerschiffe. Sie fahren die genormten Stahlboxen um die Welt, die vor etwa 50 Jahren das Transportwesen revolutionierten. Die größten Containerfrachter haben Platz für mehr als 14 000 normalgroße Container. Allein die stählerne Kurbelwelle ihres Antriebsmotors bringt es auf 300 Tonnen!

Stahl auf vier Rädern

Die wohl auffälligste Verwendung von Stahl sind die Autos. Immerhin rollen allein in Deutschland knapp 50 Millionen Stück, weltweit etwa eine Milliarde. Zu rund 60 Prozent des Fahrzeuggewichts bestehen sie aus Stahl. Karosserie, Getriebe und Motor, Federn und die ins Reifengummi eingebetteten hochreißfesten Drähte bestehen jeweils aus diversen Stahlsorten, angepasst an die jeweiligen Anforderungen.

Die Kurbelwelle im Motor zum Beispiel dreht sich bei hoher Geschwindigkeit pro Minute rund 4000-mal – und das mitunter stundenlang. Das steht nur zäher, verschleißfester Stahl durch. Jedes der Ventile im Motor öffnet und schließt sich bei hohem Tempo etwa 2000-mal pro Minute. Umspült von heißen, korrosiven Abgasen muss das Ventil und noch mehr die Ventilfeder diese Beanspruchung im Laufe eines Autolebens mehrere hundertmillionenmal aushalten, denn ein Bruch würde den Motor zerstören. Nur hochfeste legierte Stähle erfüllen die nötigen Anforderungen an die Materialqualität.

Autos sollen heute immer leichter, gleichzeitig aber stabiler und sicherer werden. Hier helfen besonders neuartige Karosserie-Werkstoffe. Immerhin trägt das Blechkleid rund ein Viertel zum Fahrzeuggewicht bei – da schlagen schon geringe Gewichtseinsparungen zu Buche. Schon seit einigen Jahren ersetzt man daher die früher verwendeten, vergleichsweise weichen Stähle zunehmend durch festere Sorten, die dank ihrer Steife bei geringerem

Nockenwellen zum Steuern der Ventile im Motor müssen lange Zeit extremen Belastungen standhalten und werden daher aus hochfesten Stahlsorten gefertigt. ▶

Gewicht die Fahrgäste besser schützen. Teils erreicht man diese Festigkeit durch Legieren, etwa mit Mangan und Bor, teils durch ausgefeilte Wärmebehandlung vor, während oder nach dem Formen.

Einen deutlichen Fortschritt bedeuten die »Mehrphasenstähle«. Sie haben die Eigenschaft, sich bei einem Aufprall zu verformen und so einen Teil der Stoßenergie aufzunehmen, dadurch aber steif zu werden und so die Fahrgastzelle stabil zu halten.

Die Gewichtseinsparung durch moderne Stähle kommt natürlich nicht nur den Autos zugute, sondern auch den Nutzfahrzeugen. So sind zum Beispiel mobile Kräne im Vergleich zu ihren Vorläufermodellen heute trotz höherer Traglasten deutlich leichter.

Ein Turm ganz aus Stahl

Sobald Eisen und Stahl dank Massenproduktion erschwinglich wurden, nutzte man sie auch als Baustoff. So entstand die erste Brücke aus Gusseisen schon 1779, und Stahl zog Anfang des 19. Jahrhunderts in die Architektur ein. Das wohl berühmteste Stahlbauwerk aus jener Zeit ist der Eiffelturm, seit 1889 das Wahrzeichen von Paris und mit über 300 Metern jahrzehntelang das höchste Bauwerk der Erde. Er wurde aus rund 7000 Tonnen Puddelstahl-Trägern zusammengenietet.

Wie sehr sich die Stahlqualität seither verbessert hat, zeigt der Vergleich: Das gleiche Bauwerk könnte man heute aus gut 2000 Tonnen modernem Stahl errichten. Zusammen mit dem damals ebenfalls billiger gewordenen Glas prägte Stahl eine spezielle Eisen-Glas-Bauweise, etwa für Bahnhofshallen,

▲ *Viele hundert Millionen Tonnen Stahl rollen weltweit in Form von Autos über die Straßen.*

Über 7000 Tonnen Stahl formen seit 1889 das berühmteste Wahrzeichen von Paris. ▼

Einkaufspassagen und repräsentative Gewächshäuser (Orangerien) für Tropenpflanzen in Parks und botanischen Gärten.

Sie ist auch heute noch beliebt, wie etwa die prachtvoll restaurierten Pariser Fernbahnhöfe, die Kuppel über dem Reichstag in Berlin und der Berliner Hauptbahnhof zeigen. Dessen Glasdach wird von zahlreichen Stahlträgern gestützt, darunter 23 stählerne Dachbinder, jeder über 40 Tonnen schwer, die einen 68 Meter weiten Bogen über die Gleise schlagen.

Über Meer und Land

Moderne Brücken sind geradezu Monumente des Stahls – praktisch, verlässlich und zudem noch ansehnlich. Den Spannweiten-Rekord hält zurzeit die Akashi-Kaikyo-Brücke in Japan. Diese Hängebrücke überspannt eine breite Meeresstraße zwischen zwei Inseln. Ihre zwei großen Pfeiler stehen im Abstand von fast zwei Kilometern. Jeder dieser Stahlpfeiler wiegt allein 23 000 Tonnen, die gesamte Brücke mit ihrem schlanken stählernen Fahrbahnträger fast 150 000 Tonnen. Die Tragkabel bestehen aus jeweils über 36 000 Stahldrähten und haben einen Durchmesser von 112 Zentimetern.

Die zurzeit längste Schrägseilbrücke aber steht in Europa. Der »Viadukt von Millau« führt in Südfrankreich die Autobahn über das breite Tal des Tarn-Flusses. Der höchste Tragpfeiler ist mit 343 Metern höher als der Eiffelturm und besteht aus Stahl- und Spannbeton – dank dieser Baustoffe ist eine besonders elegante, schlanke Form möglich.

Oberhalb dieser Träger ist dann Stahl der beherrschende Baustoff. Der Fahrbahnträger besteht aus speziellem hochfestem Stahlblech sowie einer innen liegenden Stahlträgerkonstruktion. Die auf den turmhohen Tragpfeilern stehenden sieben Pylone, die die Tragseile halten, bestehen aus je 700 Tonnen Stahl. Insgesamt wurden für den Überbau 36 000 Tonnen Stahl verbaut – das entspricht der Stahlmenge in über 60 000 Autos!

Der Viaduc de Millau in Südfrankreich, die zurzeit längste Schrägseilbrücke der Erde. Der höchste Pfeiler ist mit 343 Metern höher als der Eiffelturm! ▼

Abschotten gegen die Flut

Bisweilen treiben Sturmwinde das Meerwasser gegen die Küste und können dann verheerende Flutkatastrophen auslösen. Besonders gefährdet sind dabei Flussmündungen. Anders als Festland kann man sie nicht einfach durch Deiche sichern, denn sie müssen in normalen Zeiten für das abfließende Wasser und Schiffe passierbar sein. Eine der wirksamsten Lösungen sind gewaltige stählerne Hochwasserschutzsysteme – Tore gegen das Meer, die bei Flutgefahr geschlossen werden.

Die Niederlande zum Beispiel schützen sich seit den verheerenden Überflutungen von 1953 mit einem gewaltigen Hochwasserschutzsystem, den Deltawerken, die als eines der modernen Weltwunder gelten. Rekordhalter ist das Oosterschelde-Wehr, das insgesamt vier Kilometer lang ist und aus 62 beweglichen Flutschutztoren besteht, teils 500 Tonnen schwer.

Eine ungewöhnliche Technik nutzt das Maeslant-Sturmflutwehr bei Rotter-

▲ Mit 10 beweglichen Stahltoren soll das 520 Meter lange Flutschutzwehr Thames Barrier London vor Hochwassern schützen.

Eines der Absperrtore des Maeslant-Wehrs. Bei drohender Flut werden zwei dieser gewaltigen Stahltore wie Türen in den Wasserweg geschwenkt und riegeln ihn ab. ▼

Das Nationalstadion in Peking. Von innen her gesehen wirken die mächtigen Stahlträger besonders eindrucksvoll. ▶

dam, das bei Hochwasser geschlossen wird, ansonsten aber offen steht und die Schifffahrt nicht behindert. Es besteht aus zwei gewaltigen halbrunden Stahltoren, die wie Türen zusammengeschwenkt werden können. Jedes ist 220 Meter breit und 22 Meter hoch. Insgesamt wurde hier dreimal so viel Stahl verbaut wie im Eiffelturm.

Eine ähnliche Anlage gibt es in England. Hier schützt das Themse-Sperrwerk die Stadt London. Die vier mittleren Stahltore von je 3500 Tonnen Gewicht können binnen wenigen Minuten geschlossen werden.

Auch die Lagune von Venedig soll in den nächsten Jahren mit einem ähnlichen Bauwerk gesichert werden. Bei diesem »M.O.S.E.-Projekt« denkt man an 78 gewaltige Stahlkästen, jeder etwa 60 Meter lang, 250 Tonnen schwer und an einer Seite drehbar befestigt. Normalerweise sollen sie wassergefüllt in Stahlbeton-Verankerungen am Meeresboden ruhen. Bei Flutgefahr treibt man das Wasser mit Pressluft hinaus, sodass sich die Kästen aufrichten und die Lagune vom Meer absperren.

Die Anforderungen an den Stahl sind bei solchen Bauten enorm. Bei einer schweren Flut brandet das Wasser mit gewaltiger Kraft gegen die Tore, aber auch bei Niedrigwasser nagt das Salzwasser der See an ihnen, reiben sich Sandkörnchen an den beweglichen Teilen und setzen sich Meereslebewesen wie Muscheln und Algen an. Der Stahl muss also hochfest und zusätzlich besonders korrosionsstabil sein, um viele Jahrzehnte diesen Beanspruchungen standzuhalten.

▲ *Baustelle in luftiger Höhe: Ein Arbeiter fügt hoch über dem Erdboden die Stahlträger eines zukünftigen Bauwerks zusammen.*

Starke Träger

Stahl ist ein durchaus ansehnlicher Baustoff, zumal moderner glänzender Edelstahl. Davon zeugen zahllose Fassaden in aller Welt. Besonders berühmt ist seit den Olympischen Spielen 2008 das Pekinger Nationalstadion. Sein Innenbereich ist seitlich und oben umhüllt von einer Netzstruktur aus Stahlträgern, die ihm den Spitznamen »Vogelnest« eingebracht haben. In einigem Abstand wirkt das Netz filigran, aber aus der Nähe erkennt man seine Dimensionen: Manche der Stahlträger wiegen über 300 Tonnen, und insgesamt sind in dem 330 Meter

Weise mit Steinen gebaut, hätten ihre Wände im unteren Bereich mehrere Meter dick sein müssen, um den Oberbau zu tragen.

Bauen wie nie zuvor

Gerne kombiniert man auch Beton und Stahl miteinander. Beton nämlich ist zwar an sich ein guter Baustoff, aber er kann nur Druckkräfte aufnehmen. Wenn sich aber zum Beispiel ein Balken unter Belastung biegt, treten Zugkräfte auf. Ein Betonbalken würde dann eventuell brechen.

Stahl dagegen ist besonders gut darin, Zugkräfte aufzunehmen. Also kombiniert man diese beiden Materialien zu einem Verbundwerkstoff, der die besten Eigenschaften beider kombiniert. Zum Beispiel Stahlbeton: Hier sind Stahlstäbe oder -netze in den Beton eingelegt — man sagt, der Beton ist »bewehrt«. Oder gar Spannbeton, der dank eingelegter vorgespannter Stahlstäbe oder -seile noch größere Zugkräfte aufnehmen kann.

Für diese Anwendungen wurden spezielle Stähle entwickelt, die besonders zugfest und gleichzeitig korrosions- und wetterbeständig sind und die man vor Ort leicht zu einer stabilen Bewehrung verschweißen kann.

langen Geflecht 42 000 Tonnen Stahl verbaut.

Auf ähnliche Weise mit Stahlträgern sind auch manche modernen Bürohäuser errichtet. Und besonders bei Industriebauten — also Hallen, Fabriken, chemische Anlagen — findet man fast nur diese Bauweise aus zusammengeschraubten, geschweißten oder genieteten Stahlträgern, Rohren oder Blechen.

Bis heute besitzen die meisten Wolkenkratzer der USA ein tragendes Stahlskelett; Fassade und Innenteile sind nur ein- oder davorgehängt. Andernfalls hätten sie nie die gewünschte Höhe erreicht: Auf herkömmliche

▲ Weltweit entstehen ständig neue Wolkenkratzer, besonders in Fernost und in einigen arabischen Ländern. Und alle verbrauchen riesige Mengen an Stahl für die Bewehrung.

Skyline von New York, im Vordergrund die Brooklyn-Bridge. In den Wolkenkratzern aller irdischen Großstädte stecken zig Millionen Tonnen von Stahl. ▼

◀ *Mächtige Säulen aus Stahl im Innern stützen den Burj Chalifa, mit 828 Metern das höchste Bauwerk der Erde.*

Nur dank dieser überragenden Baumaterialien sind viele heutige architektonische Höchstleistungen möglich. Zum Beispiel der Burj Chalifa in Dubai, das mit 828 Meter höchste Gebäude der Erde. Er besteht im Innern aus drei sich gegenseitig stützender Stahlbetonsäulen. Insgesamt 39 000 Tonnen Stahl stecken allein in diesem Gebäude. Einige tausend Tonnen davon stammen aus Deutschland: Es ist wiederverwerteter Stahl aus dem abgerissenen DDR-»Palast der Republik« in Berlin.

Ohne Stahl kein Strom

Nur wenige Menschen machen sich klar, dass es ohne Eisen und Stahl keine Elektrizitätswirtschaft, also keine Stromversorgung gäbe. Es sind nicht allein die Abertausend stählernen Hochspannungsmasten, die die elektrische Kraft übers Land führen – völlig unverzichtbar ist die Rolle des Eisens in den Kraftwerken.

▲ *Stromproduzenten und -verbraucher liegen weit auseinander. Hochspannungsmasten tragen die Kabel, die sie verbinden.*

Probiere es selbst!

Stabiler mit Stahl

- Wie sich Bewehrung auswirkt, kannst du mit einem einfachen Versuch testen – allerdings mit Gips statt Beton.

- Suche dir zwei gleich große Schachteln aus Kunststoff, etwa 20 cm lang und 12 cm breit. Forme biegsamen Draht (ohne Kunststoffumhüllung, etwa Eisendraht aus dem Baumarkt) zu einem Gitter, das in eine Schachtel hinein passt. Du kannst ihn zum Beispiel mäanderartig biegen und dann die Stränge noch mit Querdrähten verbinden. Lege ihn so in die Schachtel, dass er nicht genau am Boden liegt, sondern einige Millimeter höher.

- Rühre aus Gips (Baumarkt) einen Brei an und gieße beide Schachteln etwa 1 cm hoch voll. Lasse ihn einen Tag lang erstarren und nimm die Gipstafeln dann aus den Formen.

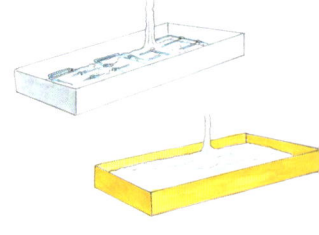

Schon der Stahl der Dampfkessel muss besonders hohe Anforderungen erfüllen. Sie enthalten mehrere hundert Kilometer Stahlrohr, das viele Jahre lang Temperaturen von über 600 Grad Celsius und gewaltige Drücke aushalten muss. Der Dampferzeuger eines modernen großen Braunkohlekraftwerks etwa kann pro Stunde über 2500 Tonnen Heißdampf erzeugen!

Aus besonders beständigem Stahl bestehen auch die Rohrleitungen und Turbinen von Wasser- und Dampfkraftwerken. Ihre zahlreichen Schaufeln sind so geformt, dass sie die Energie von Dampf oder strömendem Wasser mit bestem Wirkungsgrad in Drehbewegung umsetzen – sie drehen dann wiederum die stromliefernden Generatoren. Die Belastung der Schaufeln einer Dampfturbine ist gewaltig: Sie muss ohne jede Verformung die Heißdampftemperaturen von über 500 Grad Celsius aushalten. Die Turbinen rotieren mit über 3000 Umdrehungen pro Minute. Dabei erreichen die Schaufelspitzen Geschwindigkeiten von 1,5-facher Schallgeschwindigkeit, und zudem zerrt die Zentrifugalkraft mit enormer Gewalt – so stark, als hinge an jeder Schaufel ein vollbetankter Airbus 380! Nur beste Edelstähle ertragen solche Beanspruchungen.

▲ *Montage einer Dampfturbine im Siemens-Werk Mülheim. Nur hochfester Stahl hält auf Dauer den enormen Belastungen stand und erlaubt höchste Präzision und damit optimalen Wirkungsgrad eines Elektrizitätskraftwerks.*

■ Nun kommt der Belastungstest: Lege zuerst die unbewehrte Tafel als Brücke zwischen zwei Backsteine und schichte vorsichtig auf ihre Mitte nach und nach Backsteine. Wahrscheinlich knackt sie schon beim zweiten aufgelegten Backstein durch.

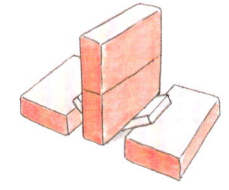

■ Wiederhole den Test nun mit der bewehrten Gipstafel: Sie trägt eine weit höhere Belastung, zudem bricht sie nicht einfach weg, sondern biegt sich nur durch.

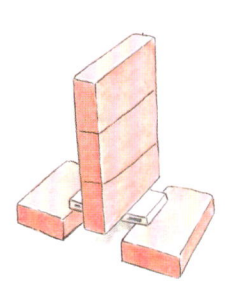

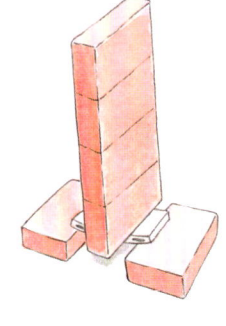

Gefeit gegen Stürme

Auch bei einer der modernsten Arten umweltfreundlicher Stromproduktion ist Stahl unverzichtbar: bei Windkraftanlagen. Allein die deutsche Windkraft-Industrie verarbeitet heute pro Jahr eine Million Tonnen dieses Werkstoffs – dreimal so viel wie der Schiffbau! Manche Windkraftanlagen stehen heute auf Türmen von über 100 Metern Höhe, die wegen der enormen Propellerausmaße bei Sturm gewaltigen Kräften standhalten müssen.

Noch erheblich mehr hat der Stahl der Offshore-Windkraftwerke zu leisten, die weit vor der Küste im offenen Meer stehen. Der deutsche Windpark Alpha Ventus etwa besteht aus 12 einzelnen Windkraftanlagen: rund 90 Meter hohe Stahlröhren, die an der Spitze die schwere Generatorgondel und den gigantischen Propeller tragen. Gewaltige Gründungskonstruktionen verankern die Anlage im Meeresboden und sorgen für Standfestigkeit. Insgesamt birgt jede einzelne dieser Anlagen über 1000 Tonnen Stahl. Er muss den teils orkanartigen Stürmen auf hoher

▲ *Erneuerbare Energie dank Stahl: Das stählerne Gondelhaus einer Windkraftanlage kann über 80 Tonnen wiegen.*

Ohne Stahl gäbe es auch keine Generatoren. Denn die gewaltigen Stromerzeuger enthalten zahlreiche Kupferdrahtspulen auf Kernen aus Spezialstahl. Nur dank dessen magnetischen Eigenschaften funktioniert die Stromerzeugung überhaupt. Auch in Transformatoren zum Umrichten der elektrischen Spannung sowie in Elektromotoren ist Eisen unverzichtbar. Meist nutzt man hier spezielle Eisen-Silicium-Legierungen mit optimalen magnetischen Werten.

Die Kraft des Windes nutzen: Jede Windkraftanlage steht auf einem mächtigen Rohr aus korrosionsfestem Stahl. ▶

See sowie dem Anprall schwerer Brecher standhalten – und zusätzlich dem chemischen Angriff des Salzwassers. Und das viele Jahre lang, denn auf See sind Reparaturen besonders teuer.

Kein Produkt ohne Stahl

Es gibt praktisch keine Ware, die bei der Herstellung ohne Stahl auskommt. Das weiß jeder, der jemals eine Fabrik von innen oder einen Bauern bei der Arbeit gesehen hat. Ackerfrüchte verdanken wir zu 100 Prozent stählernen Geräten – vom Spaten über Pflug, Egge und Mähdrescher bis zum Traktor. Und in Fabriken produzieren stählerne Maschinen tausendfältiger Art all die notwendigen Dinge, vom Kunststoffbecher bis zu Satelliten, vom Klingeldraht bis zum Computer, von der Nähnadel bis zum Lastwagen. Eine Vielzahl unterschiedlicher Stahlsorten kommt dabei je nach den Anforderungen zum Einsatz.

Wie exakt man mit Stahl arbeiten kann, zeigt zum Beispiel das Radioteleskop in Effelsberg in der Eifel. Es fängt mit seinem Metall-Hohlspiegel von 100 Metern Durchmesser Radiosignale ferner Welten auf. Damit das einwandfrei funktioniert, darf die Oberfläche des über 3000 Tonnen wiegenden Instruments nur um weniger als einen halben Millimeter von der Idealform abweichen – und zwar auch dann, wenn der fußballfeldgroße Spiegel in verschiedene Richtungen geschwenkt wird.

Ein imposantes Bauwerk ist auch das Schiffshebewerk von Falkirk in Schottland, eine Konstruktion aus 1800 Tonnen Stahl. Es ist das einzige seiner Bauart auf der Erde und besteht aus einem riesigen Stahlgerüst, in das oben und unten je ein wassergefüllter Trog eingesetzt ist. In Ruhestellung kann ein Schiff aus dem oberen Kanalteil in den oberen Trog einfahren, der untere Trog ist mit dem unteren Kanalteil verbunden. Sind die Schiffe vertäut, werden die Tore am Trog und an den Kanalteilen geschlossen. Motoren drehen nun das Stahlgerüst um 180 Grad um seine gewaltige Achse. Der obere Trog wandert dadurch nach unten, der untere wird gehoben. Die Tröge sind drehbar gelagert und bleiben daher aufrecht – andernfalls würden Schiffe und Wasser ausgekippt. Schließlich werden die Tore geöffnet, und die Schiffe fahren hinaus.

Das Radioteleskop von Effelsberg, eine filigrane Stahlkonstruktion. ▼

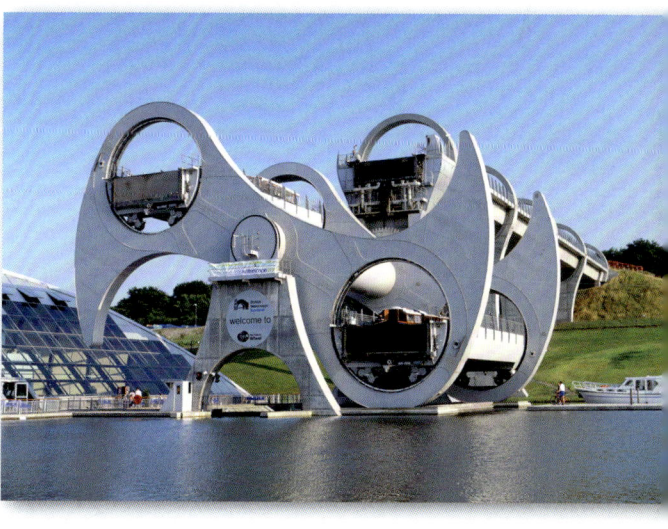

▲ *Eher robust wirkt dagegen das Schiffhebewerk von Falkirk in Schottland – von hinten führt die Stahlbetonbrücke den oberen Kanal heran.*

Ganz besonders hohe Ansprüche stellt der Umgang mit angriffslustigen Stoffen. In der chemischen Industrie etwa werden für Kessel, Röhren und andere Behälter vielfach spezielle säurefeste Edelstähle verwendet, die den Chemikalien auch bei hohen Temperaturen und teilweise enormen Drücken standhalten.

Auch die Erdölindustrie kommt ohne Stahl nicht aus. Besonders zähe und gegen Zug und Verdrehung widerstandsfähige Rohre fördern Erdöl oder Erdgas aus mehreren tausend Metern Tiefe. Stählerne Pipelines transportieren das Fördergut Hunderte von Kilometer weit über Land oder verbinden Chemiebetriebe miteinander, die so Chemikalien austauschen. Und Raffinerien brauchen hochlegierte Edelstähle, die den Inhaltsstoffen des Rohöls, etwa Schwefelverbindungen, standhalten.

▲ *Aus korrosionsfestem Edelstahl bestehen Rohre und Kessel einer Raffinerie. Besonders die im Rohöl enthaltenen Schwefelverbindungen können stark ätzend wirken.*

In die Zukunft gerichtet

Stahl ist zukunftssicher – und er unterstützt auch zahllose in die Zukunft gerichtete Bestrebungen. Zum Beispiel den internationalen Datenverkehr, ohne den heute praktisch nichts mehr geht. Das Internet besteht aus zahllosen Glasfasersträngen, die im Boden und durch die Ozeane verlaufen und die Computer an den Knotenpunkten verbinden. Jede der millimeterdünnen Glasfasern kann heute etwa 200 000 Fernsehprogramme oder eine Milliarde Telefongespräche gleichzeitig übertragen.

Doch natürlich darf man diese empfindlichen Gebilde nicht ungeschützt der Meerestiefe anvertrauen. Daher ist ein Unterseekabel ein kompliziertes Gebilde, in dem vor allem Stahl die Lasten trägt. Die Glasfasern liegen, in weichen Kunststoff eingebettet, in einem dünnen, biegsamen Stahlrohr. Es ist umgeben von 24 Stahlkabeln in zwei Lagen, die wiederum von einem wasserdichten Kupferrohr umhüllt sind. Es ist eingelagert in eine dicke Kunststoffschicht. Außen liegen unter der wasserdichten Kunststoffhülle noch einmal 18 speziell gegen Korrosion geschützte Stahlkabel. Nur dank dieses aufwendigen Baus vermag das Kabel den gewaltigen Zugkräften beim Verlegen, den Kräften strömenden Wassers am Meeresgrund, dem Wasserdruck in teils über 9000 Metern Tiefe sowie dem nagenden Salzwasser jahrzehntelang zu widerstehen.

Aus Stahl ist auch das Herz eines der modernsten Verkehrsmittel unserer Zeit, der Magnetschwebebahn. Es wird angetrieben von einem kräftigen Linear-Elektromotor mit Stahlkernen, und magnetische Abstoßungskräfte, erzeugt von stählernen Tragemagneten, halten den Zug in etwa 10 Millimetern Abstand vom Fahrweg. Weil

◀ Mit über 430 Kilometern pro Stunde saust der Transrapid in der chinesischen Stadt Shanghai über seinen Fahrweg.

sie in der Luft schwebt, kann eine Magnetschwebebahn sehr schnell, leise (abgesehen von Windgeräuschen) und energiesparend mit hohen Geschwindigkeiten fahren.

Wie ist unsere Welt in ihrem Innern aufgebaut? Auch diese Frage hilft Stahl zu beantworten. Denn diverse Spezialstähle spielen im »Large Hadron Collider« (LHC) eine unverzichtbare Rolle. Der LHC ist eine gewaltige, 4 Milliarden Euro teure Forschungsmaschine bei Genf, mit der der Feinbau der Materie untersucht wird. Es ist eine gewaltige Rennbahn für Elementarteilchen: In 27 Kilometer langen, tief unter der Erdoberfläche verlegten luftleeren Rohren aus bestem Stahl werden sie auf nahezu Lichtgeschwindigkeit beschleunigt. Auch die 1200 Magnete, jeder 34 Tonnen schwer, die die Teilchen auf ihrer Kreisbahn halten, bestehen aus Spezialstahl. Insgesamt stecken rund 70 000 Tonnen diverser Stähle im LHC – mehr als neunmal so viel wie im Eiffelturm.

Eine fast 27 Kilometer lange luftleere ringförmige Röhre in einem Tunnel bei Genf – das ist der LHC. ▼

Index

A
Ablaufrinne 54
Abschrecken 19, 27f, 71
Abstich 51, 54f, 61
Agricola, Georg 31
Ägypter 22
Akashi-Kaikyo-Brücke 94
Alpha Ventus 100
Aluminium 21, 64, 66f, 71
Amboss 79f
Andernach 65
Anlassen 27f, 71
Arbeitswalzen 77, 84
Arsen 21
Ätna 38
Atomium 6f, 19
Atomkern von Eisen 7
Auckland 71
Aufkohlen 27
Austenit 19f
Australien 41, 44
Auto 56, 63, 66ff, 71, 84ff, 90, 92ff
Autobahnbrücke 72
Automatenstahl 71
Axt 18

B
Bagger 40
Bakterien 13
Bändereisenerz 14
Barren 31
Baustahl 69f
Beimischung 19
Beschickung 24
Bessemer-Birne 35
Bessemer, Henry 34ff
Bewehrung 97f
Bewehrungsstahl 70
Blasebalg 24, 30, 37
Blasen 50
Blautopf 31
Blech 20, 65ff, 70ff, 76, 78, 82, 84f, 88f, 92, 94
Block 73f, 76
Blut 9, 13, 27, 56
Bogenbrücke 33
Bohren 83
Bohrkopf 90f
Bor 93
Bramme 49, 73ff, 82
Brasilien 41, 44, 48, 69
Brauneisenstein 9
Brauner Hut 17

Brechanlage 46
Brennofen 13, 23
Brennstoff 8, 45f, 49
Bronze 18, 19, 23, 27, 29
Bronze, Schmelzpunkt 19
Bronzezeit 29
Brooklyn-Bridge 97
Brücken 32, 72, 86, 94
Brueghel, Jan d. Ä. 32
Brüssel 6f
Buddha-Figur 37
Buntsandstein 9
Burj Chalifa 98
Büroklammer 86

C
Chemische Industrie 102
Chemische Untersuchung 52, 56, 61, 63
China 29, 37, 41f, 44, 69
Chrom 21, 64, 70f
Cobalt 21, 64
Coil 78, 86
Coilbox 73
Container 90, 92
Containerfrachter 92
Cort, Henry 33

D
Damaszenerstahl 39
Dampfkessel 99
Dampflok 90
Dampfmaschine 30, 90
Dampfturbine 99
Dangyang 37
Darby, Abraham 33
Dehnbarkeit 66f
Delhi 30
Deltawerke 95
Deutschland 46, 61, 63, 67ff, 87, 92, 98
Dillinger Hütte 57
Dolomit 36
Dose 26, 65, 84
Draht 14f, 30, 32, 72, 86f, 98
Drahtstift 68
Drahtziehen 86
Drehbank 32, 70f, 83
Druckkräfte 84, 97
Dubai 98
Duisburg 50
Dünnbrammengießen 76

E
Edelstahl 6f, 20, 64, 88, 96, 99, 102
Effelsberg 101
Eiffelturm 34, 93f, 96, 103
Einsenkung 74
Eisenatom 7, 19
Eisenbahn 90
Eisenbahnräder 82, 89
Eisenbakterien 13
Eisencarbid 20, 57
Eisenerz-Förderländer 44
Eisenerz-Lagerstätten 12f, 17
Eisenhütte 30, 44, 67
Eisenkristall 7, 19, 28
Eisenmeteorit 7, 22
Eisenmineral 9, 16f
Eisennagel 8
Eisen-Nickel-Kern 7
Eisenoxid 17, 53
Eisenpellets 20
Eisen, Schmelzpunkt 19
Eisen-Schwefel-Verbindung 17
Eisenverbindungen 9, 10ff
Eisenwerk 33
Eisenzeit 29
Elektrode 62
Elektrolichtbogenofen 62
Elektromagnetismus 14
Elektromotor 14, 61, 72, 77, 86, 100
Elektrostahlverfahren 63
Email 89
Energie 8, 13, 28, 49, 63, 68f, 99f
Energieaufwand 68
England 33, 37, 96
Erdgas 49, 102
Erdkern 7
Erdkruste 8, 9, 12
Erdmagnetfeld 15
Erdölindustrie 102
Erstarren 74ff
Erz 12f, 16ff, 23ff, 29, 30, 32, 35f, 40ff, 44ff, 48, 50ff, 62f, 69, 108, 112
Erzberg (Steiermark) 16
Esse 79
Etrusker 29
EU (Europäische Union) 61, 69
Europäische Wirtschaftsgemeinschaft 61

F
Fahrgastzelle 67, 93
Falkirk 101
Federn 28, 70, 72, 86, 92

Federstahl 70
Feilen 70, 83
Feinblech 65
Feldspat 45
Fernsehturm 37, 71
Ferrit 19f
Ferrosilicium 64
Ferrum 18
Festplatten 15
Feuerverzinken 88
Flansch 79
Floßofen 31f
Flotationsverfahren 44
Flutschutztor 95
Förderband 41, 51
Formel 16, 17, 56
Formguss 76
Frankreich 22, 61, 69
Fräsen 83
Freiformschmieden 80
Frischen 32, 33, 37
Fuchs 55
Füllmaterial 51, 53

G
Gangart 42, 45
Gänse 39
Gärben 37
Generator 14, 99f
Genf 103
Georgsmarienhütte 62
Germanen 13, 29
Gesenk 79
Gesenkschmieden 79
Gestell 51, 53
Getriebe 92
Gicht 32, 49, 50f, 53
Gichtgas 49ff
Gießen 72, 75
Gießpfanne 74
Gilchrist, Percy Carlyle 36
Gips 98
Gitterwerk 49f, 51
Gleichstrom-Elektroofen 62
Glocke 21, 37
Glühofen 81
Götter 27, 38
Graphitelektrode 62
Grauguss 57
Great Eastern 91
Grönland 22
Gusseisen 19ff, 26, 32, 37, 57, 76, 93
Gusseisen-Pagode 37
Gusseisen, Schmelzpunkt 19
Gussfehler 74

H
Halbzeug 73
Hämatit 17f
Hammerbär 80
Hämmern 19, 26, 28, 80, 83
Hammerwerk 32
Hämoglobin 13
Hängebrücke 86
Härten 10, 19, 27f
Hartstoff 91
Hatti 23
Heißwind 50f, 53
Hephaistos 27, 38f
Hethiter 23, 27
Hoba-Meteorit 7, 23
Hochofen 32f, 44ff, 68, 112
Hochspannungsmast 72, 98
Hochwasserschutzsystem 95
Höhlenmalereien 10, 17
Hohlprofil 81
Hohlwelle 82
Holz 24, 26, 33, 56, 68
Holzkohle 18, 23ff, 32f
HSS 70
Hubei 37
Hundertfach geschmiedeter Stahl 37

I
Indianer 22
Indien 30, 44, 69
Inertgase 64
Intercity-Express (ICE) 70, 90
Internet 102
Inuit 22
Invarstahl 70
Iran 44
Iron Bridge 33
Isara 18
Italien 29, 61, 69

J
Japan 39, 69

K
Kalk 35f, 45, 59
Kaltarbeitsstähle 70
Kaltgepresster Stahl 84
Kaltumformen 67, 84
Kanada 44
Kanonenkugel 19, 32
Karosserie 65f, 85, 92
Kasachstan 44
Kelten 13, 18, 29, 39
Kettenbrücke 37
Kettenhemd 29, 86
Kiruna 16, 40
Klassieren 46
Kleinasien 29
Knautschen 66
Knautschzone 67
Kohlendioxid 24, 53, 56, 68
Kohlenmonoxid 24, 53, 56, 64
Kohlensack 51, 53
Kohlenstaub 27, 49
Kohlenstoff 8, 16, 18ff, 26f, 32, 53, 56f, 59, 64, 70
Köhler 26
Kohlungszone 53
Kokerei 46, 48
Kokille 49, 74
Koks 18, 33, 46f, 48ff
Kompass 15
Königshütte 35
Konverter 35f, 48, 58ff, 63, 68, 72
Kopfhörer 15
Korrosion 21, 34, 84, 96, 102
Kran 61
Kreuzfahrtschiff 90
Kugellager 40
Kühlstrecke 72
Kühlwasser 55
Kunstschmied 19, 79
Kupferkokille 74f
Kupfer, Schmelzpunkt 19
Kupfersteinzeit 29
Kurbelwelle 92

L
Lackblechstraße 85
Lackieranlage 85
Landwirtschaftliche Geräte 101
Lanze (Sauerstoff-) 59, 60ff
Large Hadron Collider 103
Laterit 10
Laufrad 76
Laura-Hütte 33
Lautsprecher 15
LD-Verfahren 61f
Legieren 61, 64, 70, 93
Legierte Stähle 64, 70f, 92
Legierung 28, 70, 100
Legion 29
Lehm 9, 11, 24
Leitplanke 72
Leitwarte 52, 60, 77
LHC 103
Lichtbogen 62
Limonit 9, 11, 13, 17
Lochdorn 82
London 95, 96
Löschturm 47
Lunker 74f
Luppe 25f, 55

M
Maeslant-Sturmflutwehr 95f
Magma 12
Magnet 14f
Magnetit 14, 16f, 18
Magnetschwebebahn 102
Mangan 53, 57, 59, 64, 66f, 70f, 93

Manipulator 80
Mars 9
Materialermüdung 89
Matten 70, 86
Mauretanien 44
Max-Planck-Institut für Eisenforschung 65, 66
Mehrphasenstähle 93
Meiler 26
Meißel 26
Messer 39, 70, 72
Messerstahl 70
Meteorit 7, 22f
Meteoriteneisen 22
Mexiko 44, 69
Mikroorganismen 13
Mineralien 12, 16f
Mischbett 44
Mittelalter 29f, 33, 86
Mitteleuropa 29
Möller 45f, 50ff
Molybdän 21, 64, 70f
Montanunion 61
M.O.S.E.-Projekt 96
Motor 71, 92
Muldenkipper 40

N
Nagel 15, 68, 72
Naht 82
Namibia 23
Nationalstadion Peking 96
Neuseeland 71
New York 97
Nichtrostender Stahl 64, 70
Nickel 7, 64, 70f
Nitride 71
Nitrierstahl 71
Nockenwelle 71, 92
Nordamerika 22

O
Oberpfalz 29
Obersattel 81
Oberschlesien 33, 35
Oberwalze 78
Ocker 10
Ofenplatte 32
Offshore-Windkraftwerk 100
Öl 27, 49, 92
Oosterschelde-Wehr 95
Oriental Pearl Tower 37
Osemund 32
Österreich 16

P
Pagode 37
Peking 96
Pellets, Eisen 20

Pellets, Erz 44, 45
Pelton-Turbine 76
Pfannenwagen 51, 57, 64
Phosphor 21, 35f, 53, 59, 63, 71
Pilbara-Region 41
Pipeline 72, 102
Plattieren 88
Pochwerk 30
Pressstempel 81
Preußen 33
Probiere es selbst!
  Auftrennung 45
  Gießen 75
  Holzkohle herstellen 26
  Magnete und Eisen 15
  Rostendes Eisen 8
  Rostschutz 84
  Schweißen 82
  Stabiler mit Stahl 98
  Test mit dem Hammer 68
  Weißblech-Korrosion 84
Profil 81, 85
Provence 10
Puddelofen 34
Puddelstahl 34, 93
Puddelverfahren 33ff
Pylon 94
Pyrit 17

Q
Queen Mary 2 90f

R
Rad 30, 70, 90
Radioteleskop 101
Raffinerie 102
Raseneisenerz 13
Rasselstein GmbH 65
Rast 51, 53
Raumgitter 19f
Recycling. Siehe Wiederverwertung
Reduktion 18, 52f
Reduktionszone 53
Rennfeuer 24ff, 29, 32
Rennofen 24f
Rissbildung 89
Ritter 29, 38, 86
Roheisen 24, 33, 35, 39, 46, 48, 50ff, 108, 112
Rohr 18, 51, 72, 82, 102
Rolle 20, 74ff, 85
Rollenmeißel 90
Römer 13, 18, 29, 38
Rost 8, 17, 21, 30, 63, 68, 70, 84, 88, 89
Rostfreie Stähle 64
Rostschutz 88f
Rotglut 26f, 32, 70, 76, 83
Roussillon 10
Russland 44, 69

Rüstung 29

S
Saarland 57
Saarschmiede 80
Saarstahl 86
Sand 9, 24, 45, 57
Sauerstoff 8f, 13f, 16ff, 21, 24, 34, 53, 56, 59, 60, 63f, 77, 82, 88
Sauerstoff-Blasverfahren 61f
Säule von Kuttub 30
Säurebeständiger Stahl 71
Schabotte 81
Schacht 51
Schienen 70, 72, 78, 90
Schiff 72, 90f, 95, 101
Schiffshebewerk 101
Schlacke 23, 25f, 31f, 35f, 45f, 51ff, 59ff
Schleswig-Holstein 29
Schleudergussverfahren 82
Schmelze 21, 34ff, 60ff, 74
Schmelzpunkt von Bronze 19
Schmelzpunkt von Eisen 19
Schmelzpunkt von Gusseisen 19
Schmelzpunkt von Kupfer 19
Schmelzzone 53
Schmied 27, 38f, 78
Schmiedeeisen 18, 30
Schmiedehammer 79
Schmieden 5, 19, 37f, 72, 78f
Schmiedepresse 79ff
Schneidbrenner 74f, 82
Schnellarbeitsstähle 70
Schottland 101
Schrägseilbrücke 87, 94
Schrott 48, 58f, 62f, 69
Schutzkleidung 55
Schwarze Raucher 12
Schwebebahn 90
Schweden 40
Schwedische Gardinen 40
Schwefel 9, 12, 17, 21, 33, 59, 63, 71, 102
Schweißen 82f
Schweiz 41, 91, 103
Schwert 29, 37ff
Sekundärmetallurgie 64
Shanghai 37, 103
Siderit 16
Siegerland 29
Siemens 99
Siena 10
Silicium 21, 53, 57, 59, 64, 66, 70, 100
Sinteranlage 46, 48
Sintern 45
Spanabhebende Bearbeitung 83
Späne 71, 83
Spanien 29, 69
Spannbeton 70, 94, 97
Spannstahl 70

Spannung, elektrische 27, 62
Spateisenstein 16
Speerspitzen 18
Spule 78
Spundloch 51
Stabmagnet 15
Stahlband 75, 78, 81, 84
Stahlbeton 70f, 86, 94, 96f, 108
Stahlforschung 67
Stahlguss Gröditz 76
Stahlnägel 87
Stahlproduktion 37, 63, 69, 112
Stahlproduzenten 69
Stahlschädling 21
Stahlseil 70, 86f
Stahlskelett 97
Stahlstift 68
Stahlträger 63, 94, 96f
Stahlveredler 21, 64
Stahlveredlung 64
Standbild 37
Stange 39, 73, 78
Steiermark 16, 29
Steinkohle 33, 46
Stichloch 51, 55
Stickstoff 39, 71
Stoßenergie 66f, 93
Stranggießanlage 49, 74f
Stromstärke 62
Stückofen 31
Stützwalzen 77f, 84
Südafrika 44
Südkorea 69
Sumerer 22
Supernova-Explosion 8

T
Tagebau 41
Taiwan 69
Tanker 92
Teelicht 75, 82
Terracotta 11
TGV 90
Themse-Sperrwerk 95f
Thomasmehl 36
Thomas, Sidney Gilchrist 36
Thomas-Verfahren 36
ThyssenKrupp 47, 48, 50, 64
Tiefziehen 66f
Tiefziehstahl 71
Tiegel 32
Titan 64, 71
Titanic 91f
Toledo 29
Ton 9, 11
Topfhelm 29
Torpedowagen 57
Transformator 14, 72, 100
Transrapid 103

Trennschneider 82
Triplex-Stahl 67
TRIP-Stähle 66
Trocken- und Vorwärmzone 53
Trog 101
Tunnelbohrmaschine 90f
Turbine 80, 99
Türkei 23, 69

U
U-Boot-Stahl 71
Ukraine 44, 69
Umbra 10
Umweltschutz 68
Unlegierte Stähle 64, 70
Untersattel 81
Unterseekabel 102
Unterwalze 78
USA 16, 37, 41f, 44, 69, 97

V
Vakuum 64
Vanadium 21, 64, 70
Venedig 96
Venezuela 44
Ventil 71, 92
Ventilfeder 92
Verbrennungskammer 49, 51
Verbrennungszone 53
Verbundwerkstoff 71, 97
Vergüten 27, 71
Vergütungsstahl 71
Verhüttung 44, 47
Verkohlung 26
Versetzung 28
Viaduc de Millau 94
Völklingen 80
Vorgerüst 77f
Vulcanus 38
Vulkan 12, 38

W
Wachs 75f, 82, 89
Waffen 18, 23, 27, 29, 37ff, 90
Walzen 19, 28, 49, 72, 76ff
Walzenstuhl 78
Walzwerk 33, 49, 76
Warmarbeitsstähle 70
Warmbandstraße 72
Warmbreitbandstraße 78
Wärmebehandlung 20, 64, 76, 81, 84, 93
Warmwalzen 78
Waschen 44
Wasserbedarf 68
Wasserkühlung 53
Wasserrad 30f
Weichselbogen 29
Weißblech 84, 89

Weißes Eisen 57
Weißglut 53, 59, 83
Welle 71f, 80
Werkzeug 18, 79, 82
Werkzeugstahl 70
Westaustralien 16
Wiederverwertung 58, 63, 69
Wieland der Schmied 38f
Wikinger 39
Winderhitzer 49, 51
Windkraftanlage 100
Wolfram 21, 64, 70
Wolframcarbid 91
Wolkenkratzer 97
Wuppertal 90

Z
Zahnräder 20, 71, 79, 83
Zange 20
Zementit 57
Ziehstein 86f
Zink 88
Zinn 84, 88
Zuführanlage 52
Zugkräfte 21, 70, 97
Zunder 77f
Zunderwäsche 78
Zuschläge 45f
Zyklopen 38

Bildnachweis

akg-images: Gehrke: 36 o; – BMW Group: 66 u; – bpk: Lutz Braun: 27 o; – Bridgemanart: Brueghel, Jan d. Ä./Galleria Doria Pamphilj, Rome, Italy; Alinari/Bridgeman Berlin: 32 o; – BVV: 70 u; – CC: André Karwath aka: 14; Andreasdziewior: 21 u; Arnoldius: 44 u; Frank Behnsen: 26; H.Raab: 23 u; Harrison, JJ: 4 o; 16 o r; HarveyHenkelmann: 57 u; Jan Jerszynski: 24; John Morrice: 36 u; Joop van Houdt/https://beeldbank.rws.nl; Rijkswaterstaat: 95 u; Lloyd.james0615: 17; Markus Schweiss: 78; Nachoman-au: 44 o; Norbert Kaiser: 32 u; WING: 96 o; Zhang Zhang: 37 l; – CC-BY-SA: Lebrac: 13 u; – CERN: 103 u; – Christian Ammering/www.press-photo.at: 91 m; – Courtesy of Rio Tinto: 40 o; 41; 42/43; Rücken (Erzabbau); – Dillinger Hütte: 46; 47 u; 57 o; 60; 76 o; 77; – Finster, Harald/Aachen: 74; – FOTOE/China: Ren Weihong: 37 r; – fotolia: ArchMen: 97 (plan drawing); axepe: 38 u; azzzim: 18 (Speerspitzen, Axt); beatuerk: 21 (Stahl, geschliffen); bellluga: 20 (Schmiedezangen); Bernd Geller: 56 o; Bernd Geller: Rücken (Probenahme Hochofen); Bildermehr: 92 o; Christof Lippmann: 97 u; CountAllPixel: 98 r; daseaford: 19 (Kanonenkugeln); DJI-FUNK: 69; Dmitriy Melnikov: 84 u; dv76: 98 l; eddy02: 4 (Hufeisen im Feuer); electriceye: 5 (HG); 20 (Zahnräder); Eric Middelkoop: 102; flipfine: 85 u; Franz Pfluegl: 2 l; Gina Sanders: 91/92 (HG); Gino Santa Maria: 8, 15, 26, 45, 68, 75, 82, 84, 89, 98 (Glasgefäße in den Probier es selbst-Kästen); Gordon Saunders: 82 l; Herbert Esser: 101 o; hfng: 3 l; hroephoto: 63; James Steidl: 2 r; Jeanette Dietl: 83 o; klikk: 27 u; 56 u; LaCatrina: 92/93 (HG); Lance Bellers: 33 u; Li-Bro: 7; LVDESIGN: 85 o; Malchev: 28; Marina Lohrbach: 39 o; Mark Atkins: 96 l; Michael Fritzen: 97 (Bewehrung); Mihai Simonia: 89; Mosista Pambudi: 5 (Raffinerie); NilsZ: 70 o; philipus: 93 u; Pixelwolf: 21 (Stahlwürfel); RABE: 21 (Gestell); Ramona Heim: 40 u; Renata Sedmakova: 19 (Hammer/Eisen); Scanrail: Titel; seen: 90; SemA: 29; Sigtrix: 93 o; stormray: 21 (Sieldeckel); Tadeusz Ibrom: 11; Tim Bird: 4 (Eisenkugeln); treenabeena: 61 o; V.Yakobchuk: Titel; 13 o; VitaminFT: 18 (Kanone); Vladimir Shevelev: 83 u; – fotosearch: 54/55; – Holtz, Friedrich: 25 m; – Köthe, Dr. Rainer: 9 u; 10; 30; 31 o; 71; 84 o; 87; 91 o; 91 u; 94; – Kronz, Dr. A.: 25 (4x Rennofen); – NASA/JPL-Caltech: 9 o; – PD: Agricola, Georg; Über Metalle: 30 (HG); 31 u; NOAA/Unknown: 12; United States Air Force photo by Senior Airman Joshua Strang: 15; Unknown: 33 o (Laura-Hütte); Unknown: 35 o (Bessemer); Unknown: 39 u; Wenzel Hollar: 38 o; 38/39 (HG); – Rasselstein/ThyssenKrupp: 58; 65; – Rob Lavinsky/iRocks.com: 16 o l; – Saarschmiede GmbH Freiformschmiede: 80 o; 80 u; – Science Photo Library: Bond/SPL/Agentur Focus: 101 u; Gusto/SPL/Agentur Focus: 95 o; Ravenswaay/SPL/Agentur Focus: 22 o; Stammers/SPL/Agentur Focus: 23 o; Tucciarone/SPL/Agentur Focus: 22 u; Wiersma/SPL/Agentur Focus: 16 u; 16/17; – Siemens-Pressebild: 99; 100 o; 100 u; 100 (HG); Rücken (Turbine); – Stahlguss Gröditz: 76 u; – Stahl-Informations-Zentrum: 5 o; 82 r; Rücken (Schneidbrenner); – Stahl-Zentrum: Georgsmarienhütte 62; 81 u; ROGESA: 4 u; Rücken (Probenahme); Saarstahl: 86; SMS Group: 61 u; 79; Rücken (Konverterfüllung); ThyssenKrupp: 52 o; – ThyssenKrupp: 3 r; 5 m; 20 (Eisenpellets); 20 u; 45; 47 o; 48; 50; 52 u; 64; 66 o; 67; 72/73; 73 u; 75; 81 o; 88; 92 u; 103 o; Rücken (Nockenwellen, Blechrollen); – Ullsteinbild: AISA: 35 u; Archiv Gerstenberg: 34; Unkel: 6.

Impressum

© 2011 Verlag Stahleisen GmbH, Düsseldorf

Autor: Dr. Rainer Köthe, Neckarbischofsheim
Layout und Lektorat: Ruth Schildhauer, Neckarbischofsheim
Illustration: Arno Kolb, Uelversheim

Das Werk einschließlich aller seiner Teile ist urheberrechtlich geschützt. Jede Verwertung außerhalb der engen Grenzen des Urheberrechtsgesetzes ist ohne schriftliche Zustimmung des Verlags unzulässig und strafbar. Das gilt insbesondere für Vervielfältigungen, Übersetzungen, Mikroverfilmungen und Einspeicherung und/oder Verarbeitung in elektronischen Systemen, insbesondere Datenbanken und Netzwerke.

Das vorliegende Werk wurde sorgfältig erarbeitet. Dennoch übernehmen Autoren, Herausgeber und Verlag für die Richtigkeit von Angaben, Hinweisen und Ratschlägen sowie für eventuelle Druckfehler keine Haftung.

In diesem Buch wiedergegebene Gebrauchsnamen, Handelsnamen und Warenbezeichnungen dürfen nicht als frei zur allgemeinen Benutzung im Sinne der Warenzeichen- und Markenschutz-Gesetzgebung betrachtet werden.

Inhalte, die auf Verordnungen, Vorschriften oder Regelwerken basieren, dürfen nur unter Berücksichtigung der jeweils neuesten Ausgabe in Originalfassung verwendet werden.

Ergänzungen, wichtige Hinweise oder Korrekturen, die nach Veröffentlichung bekannt werden, sind im Internet zu finden unter:
www.stahleisen.de/errata

Printed in Germany
ISBN 978-3-514-00775-8